Errores memorables de la historia en la ciencia

PIERO MARTIN

Errores memorables en la historia de la ciencia

Traducción de Raquel Luque

GUADALMAZÁN

GUADALMAZÁN • COLECCIÓN DIVULGACIÓN CIENTÍFICA
Director editorial: ANTONIO CUESTA
Edición de ANA CABELLO

www.editorialguadalmazan.com
pedidos@almuzaralibros.com - info@almuzaralibros.com

TALENBOOK, S.L.
C/ Cervantes, 26 • 28014 • Madrid

Imprime: Black Print
ISBN: 978-84-19414-53-3
Depósito Legal: M-2294-2025
Hecho e impreso en España - *Made and printed in Spain*

Para Andrea

Índice

Prólogo

Estaba a punto de cantar las primeras palabras de esta célebre canción cuando me di cuenta de que, junto al micrófono, había un piano vertical. Me sentía cansado —algo me mantuvo despierto toda la noche—, así que me senté. Pensé que la tapa del teclado estaba cerrada, pero no era el caso, así que acabé interpretando ese increíble acorde con mi trasero. Resultó una especie de melodía sin tonalidad definida, pero que indudablemente funcionaba bastante bien con los acordes que estaban sonando. Nos pareció divertido, así que lo dejamos grabado.

En la genialidad está el error. Hay personas que no habrían aceptado esa equivocación, y habrían obligado a los músicos y técnicos a repetir el espectáculo en busca de la perfección. Sting, a quien pertenece el trasero arriba mencionado, decidió que esas extrañas notas —un error provocado en un momento de cansancio— podían formar parte de lo que se convertiría en uno de los mayores

éxitos de la banda de *rock* *The Police*: la canción *Roxanne*.
Y él mismo lo contó durante una entrevista para la revista
Revolver, a la que pertenece el fragmento que abre este
libro, una anécdota sobre cómo los errores pueden ser las
semillas de la creatividad y el descubrimiento.

Algo parecido le ocurrió al director Steven Spielberg
tres años antes, en 1975, con *Tiburón*, una película que
no solo resultó ser un éxito mundial y un fenómeno cultural que incluso ha perdurado hasta nuestros días, sino
que también supuso una auténtica revolución en la dis-
tribución cinematográfica de Hollywood. Se estrenó en
verano (una época que antaño se reservaba para las pro-
ducciones menores) y podía verse en más de cuatrocien-
tas salas de Estados Unidos (otra gran novedad de aquellos tiempos), lo que le otorgó un éxito histórico. ¡Y pensar
que el proyecto estuvo a punto de acabar en mitad de
la producción debido a los retrasos y costes adicionales!
Además de las enormes dificultades de rodar en medio
del océano, frente a la costa de Martha's Vineyard —una
isla que domina la orilla de Massachusetts—, se añadieron errores de diseño en los tres grandes tiburones mecá-
nicos de siete metros y medio que debían imitar al gigan-
tesco protagonista de la película. Los tres simulaban al
tiburón asesino, y debían utilizarse en varias tomas. La
prueba en la piscina fue todo un éxito, pero cuando
sumergieron a uno de ellos en el mar y accionaron el control para que saliera a la superficie, con el objeto de rodar
una escena en la que sus terroríficos dientes de fibra de
vidrio debían emerger de las olas para devorar a algún
humano, el horror que debería haberse plasmado en el
rostro de los espectadores se trasladó de inmediato al

equipo. El monstruo mecánico se manifestó con la cola en vez de con la cabeza y se dio la vuelta sobre su estómago, según relató el propio Spielberg en el programa de televisión *Dick Cavett Show*, en 1981. El cámara, en lugar de con las fauces abiertas, se encontró con la aleta caudal: una medialuna en lugar de una afilada dentadura; sin duda parecía una escena más cómica que terrorífica, no exactamente lo que el director esperaba. Esta catástrofe se debía a un error, agravado por las difíciles condiciones provocadas por las olas y la meteorología: no habían tenido en cuenta que los tiburones, a los que habían probado en el agua dulce de la piscina, en realidad iban a utilizarse en el mar. El agua salada dañó rápidamente los componentes electromecánicos de los monstruos artificiales. Y uno de los tres tiburones acabó hundido.

Pero la genialidad de Spielberg convirtió esos errores en oportunidades. Ante la falta de soluciones, decidió cambiar de perspectiva. Puesto que no podían grabar directamente al tiburón, optó por rodar algunas escenas como si se vieran a través de los ojos del monstruo. El plano subjetivo del animal abalanzándose silenciosamente sobre las piernas de los bañistas que nadaban desprevenidos en el agua fue una elección ingeniosa, así como la de limitar al máximo las tomas del tiburón. Haciendo de la necesidad virtud, esa ausencia transmitía tensión, amplificada por la inquietante banda sonora, y el resultado hacía que el miedo atrapara al público hasta la escena final.

Habida cuenta de que hemos visto la película muchísimas veces en televisión y plataformas de *streaming*, no hay riesgo de desvelar el final, por lo que podemos contar que, naturalmente, acaba bien, aunque con varios protagonistas devorados.

Aceptar los errores y construir sobre ellos transformó un posible fracaso en uno de los primeros éxitos de taquilla del cine moderno y en el primer éxito mundial de Spielberg: cien millones de dólares recaudados antes del final del verano y una fama que aún perdura a día de hoy respaldada por una serie de secuelas.

* * *

La vida está forjada de errores. No solo los que cometemos nosotros mismos, sino los que se entrelazan con la propia evolución de la vida. Basta con pensar en la duplicación del ADN, un fenómeno biológico que resulta sorprendente pero que no está exento de imprecisiones. Cuando una célula humana se divide y su ADN se duplica, se copia y transmite exactamente la misma secuencia de tres mil millones de nucleótidos. Esto sucede infinitas veces, cada vez que nuestras células se dividen, desde que fuimos concebidos hasta el día de hoy (y continúan haciéndolo). Aunque la mayor parte del ADN se duplica de manera muy precisa, también en este proceso surgen errores. La mayoría de ellos quedan neutralizados por una especie de mecanismos de corrección, pero otros se escapan, dando lugar así a mutaciones permanentes con las consecuencias más dispares. Un error puede generar la muerte, pero también hizo que naciera Picasso. Una mutación puede originar cáncer, pero un error genético ha hecho que los seres humanos hayamos evolucionado con un cerebro más grande que el de los primates, una de las principales características que nos distinguen de nuestros predecesores. De hecho, en un grupo de nuestros antepasados que vivieron en África, los *Australopithecus*, el cerebro evolucionó con relativa rapidez, hace unos dos o tres millones de años, cuyas dimensiones aumentaron casi tres veces hasta llegar al tamaño actual. Las teorías que se han confirmado afirman que este cambio se debió al nacimiento de nuevos genes (NOTCH2NL), originado por un error en el proceso de duplicación. Sin imperfecciones genéticas, ninguna forma de vida evolucionaría, y esto no sería lo ideal, pues significaría la incapacidad de mutar para, por ejemplo, sobrevivir a nuevas enfermedades o adaptarse a los cambios en las condiciones climáticas.

Pero, a pesar de todo esto, a nadie le gustan los errores. Celebramos los éxitos tanto como olvidamos los errores (los nuestros) o los castigamos (los de los demás). Y suele darse el caso que estos últimos son más importantes y frecuentes que los primeros.

Pongamos como ejemplo los casos de Melanie Stefan y Johannes Haushofer. La primera, neurobióloga; el segundo, economista. Ambos son muy conocidos en sus respectivos ámbitos e imparten clases en importantes universidades. ¿Sus numerosos éxitos profesionales les habrían llevado alguna vez a las páginas de los principales periódicos del mundo? La duda está justificada. En realidad, fueron sus errores los que llevaron a que los medios de comunicación internacionales y la población de todo el mundo les otorgaran una gran (y merecida) atención. Los dos hicieron públicos sus fracasos, cambiando así la historia de carreras profesionales llenas de éxitos para, en su lugar, exponer los errores, las financiaciones que no obtuvieron, los artículos que los periódicos rechazaron y los callejones sin salida con los que se toparon. Puede encontrar sus historias en Internet. Al respecto, el mismo Haushofer escribió: «Este maldito currículum de errores ha recibido mucha más atención que todo mi trabajo académico», que en aquel momento (2016) llevaba más de diez años realizando al más alto nivel.

En cuanto a Melanie Stefan, esto fue lo que contó a la revista *Nature* sobre su reacción tras enterarse de que le habían denegado la solicitud para una beca de estudios:

> Fue difícil de digerir. Quizá fue porque, hasta entonces, siempre había tenido éxito. En la escuela sacaba buenas notas, y después, en la Universidad, conseguí el puesto de doctorado con el que soñaba y he logrado publicar varios artículos. Esta es la historia que cuenta mi *curriculum vitae*. Pero precisamente ese es el problema. Mi CV no refleja la mayoría de mis esfuerzos académicos: no menciona los exámenes que no he aprobado; las solicitudes de doctorado o de becas que no han llegado a buen puerto, ni tampoco los artículos rechazados que nunca han visto la luz. En las conferencias hablo del único proyecto que ha funcionado, no de los muchos que han fracasado. Como científicos, construimos una historia de éxitos que hace que nuestros fracasos sean invisibles, tanto para nosotros mismos como para los demás. Las trayectorias de los otros científicos suelen parecernos una secuencia constante y simplificada de triunfos. Por tanto, cada vez que experimentamos un fracaso individual, nos sentimos solos y abatidos.

Una historia de éxito a cualquier precio, y el hecho de sentirse solos y abatidos tras el fracaso. ¿Le suena familiar? Imagino que sí, pues se trata de una contradicción que no solo sucede en el ámbito científico, sino también en nuestras vidas. Una contradicción hoy amplificada por la brillante historia de nosotros mismos que presentamos en las redes sociales, con el resultado de que, cuando algo va mal, el punto de referencia puede convertirse en la colección de éxitos profesionales, vacaciones felices y deliciosas comidas que vemos en los perfiles de nuestros amigos. Y entonces pasamos por alto cuántas sopas de sobre o cenas descongeladas se esconden tras esa mesa perfecta.

Con los errores y los fracasos tenemos una relación difícil. Quizá porque no los aceptamos en nuestra frenética búsqueda de certezas, decisiones, confirmaciones, blancos y negros, ni tampoco allí donde el gris (la complejidad) se vuelve inevitable. Tal vez no lo reconozcamos, pero, cuando el esfuerzo del conocimiento y el estudio es reemplazado por un sentido común insustancial, todos nos convertimos en infalibles expertos en todo, y pocos están dispuestos a aprender de la experiencia. O puede que esa difícil relación se deba a que, al construir muros físicos y vallas ideológicas cada vez más altos, no somos capaces de perdonar los errores. Solo tenemos que pensar en cuántas veces regañamos a nuestros hijos por sus dudas, incertidumbres, por ser diferentes a nosotros... Una diferencia que los lleva a explorar caminos nuevos y distintos a los que nos gustaría, que los hace equivocarse, pero, sobre todo, los hace crecer. Los errores, como poco, los escondemos; a menudo (sobre todo, cuando son otros los que se equivocan), los estigmatizamos y castigamos, y rara vez se convierten en nuevos comienzos.

Sin embargo, los errores están entrelazados con la vida y, en cierto modo, su propia etimología lo revela. Vivir significa equivocarse: en el mismo momento en que nacemos, se abren ante nosotros innumerables caminos y otras tantas encrucijadas, para cada una de las cuales existe una elección, deseada o impuesta. Cada elección puede ser más o menos satisfactoria, y en cada encrucijada puede esconderse un error. ¿Podemos evitarlo? No, pero debemos vivir con ello.

También ocurre que, a veces, un fracaso puede convertirse en una oportunidad y en un momento de renovación. No estamos hablando de justificar los errores, pero algunos lo son por el simple hecho de tener en cuenta un sistema de valores que puede variar según el contexto. Otros son errores absolutos, injustificables en casi cualquier situación. Pero incluso cuando el error debilita los cimientos de la convivencia civil y amenaza la seguridad y la libertad de los demás, nuestro pacto social establece que la corrección del error tiene como objetivo rectificar a quien lo cometió. Lo resume bien el artículo 27 de nuestra Constitución[1]: «Las penas no podrán consistir en tratos inhumanos y deberán tender a la reeducación del condenado. No se admite la pena de muerte». Y precisamente la pena capital representa la cumbre de nuestro rechazo al error, ya que anula cualquier vía de expiación y recuperación, y representa la elección «fácil» en comparación con la complejidad de la reeducación.

---

1   Aquí el autor se refiere a la Constitución italiana. (N. de la t.).

Incluso sin llegar a estos extremos, ocultar o castigar los errores resulta ser a menudo la forma aparentemente más fácil. En primer lugar, porque el hecho de reconocerlos supone un esfuerzo, y más aún analizarlos, comprender cómo evitar repetirlos y aprender de ellos. En lo que respecta a nosotros, mejor nos limitamos a informar de los éxitos, aunque los hayamos obtenido tras un camino enrevesado y difícil. Pero, eso sí, siempre estamos dispuestos a señalar con el dedo los defectos de los demás.

El libro que tiene en sus manos pretende ser un elogio a los errores como actos de libertad y crecimiento. En cualquier caso, no podemos eliminarlos, así que aprendamos a hacer un buen uso de ellos, sonriendo, como nos recuerda Gianni Rodari en su obra *Il libro degli errori* (*El libro de los errores*): «¿Vale la pena que un niño aprenda llorando lo que puede aprender riendo?». Por supuesto que no.

Estas páginas nacen sobre todo de la reflexión sobre mis propios errores, que son bastantes. Muchos de ellos los podría haber evitado. Los más graves, creo, los he cometido cuando he juzgado sin motivo, sin derecho; cuando me he tomado a mí mismo demasiado en serio; cuando no he tenido la paciencia de escuchar ni he confiado en quienes me rodeaban, aceptando su derecho a seguir sus propias inclinaciones y sueños, aunque fueran aparentemente diferentes de los que había planeado para ellos. Al hacerlo, he hecho daño y causado disgustos. Hablar de mis errores no es algo que me agrade, pero tengo la esperanza de aprender de ellos y, sobre todo, de no volver a repetirlos. Para conseguirlo, he intentado obtener ayuda del mundo que mejor conozco, el de la ciencia, un mundo que, aunque en apariencia parezca distar mucho de la vida cotidiana, en realidad tiene mucho que enseñarnos sobre este asunto.

Los científicos cometen errores. A pesar de la idea preconcebida de que los científicos son personas que siempre tienen la respuesta correcta, la realidad es diferente. La física, las matemáticas y la química son ciencias exactas, pero quienes las practican a veces se equivocan. Los errores también pertenecen a la ciencia y, en una suerte de paralelismo con la vida, se presentan bajo múltiples formas. En la ciencia, existe el error como motor de nuevos conocimientos, pero también está el error como fruto de la ideología, de las prisas o de la ingenuidad. Existe el error admitido y, por tanto, prolífico, pero también el error obstinado. El que surge por permanecer en la comodidad de la tradición, o por adaptarse a aquel principio de autoridad que es antiético para el método científico. También está el error que nace por adelantarse demasiado a su tiempo. Y el más grave de todos: el error del que no es responsable la ciencia, pero que sí debería haber escuchado. Si la ciencia hubiera escuchado al científico que afirmaba la importancia de un gesto tan simple como la desinfección de las manos, se habrían salvado miles de vidas humanas.

Y como en la vida, también en la ciencia ocurre que al que se equivoca se le suele encasillar (quizá de manera involuntaria) entre los perdedores. Los grandes logros de Einstein y Planck forman parte de la cultura popular, pero ¿quién, aparte de la comunidad científica, ha oído hablar de Michelson y Morley, excelentes investigadores que allanaron el camino a la relatividad de Einstein con lo que se ha descrito como uno de los experimentos fallidos de mayor éxito?

Es cierto que Kelvin se equivocó al calcular la edad de la Tierra, pero casi nadie sabe que, con su resultado incorrecto, logró transformar el estudio de la edad de la Tierra en una nueva ciencia que poco tiempo después obtendría el resultado correcto: cuatro mil quinientos millones de años.

Fermi llegó a conclusiones erróneas sobre la existencia de los supuestos elementos transuránicos, pero su equivocación resultó fructífera para Lise Meitner, Otto Hahn y Fritz Strassmann, que descubrieron la fisión del uranio. Hahn admitió que nunca se habrían interesado por el uranio de no haber sido por Fermi.

¿Y quién se acuerda de Rayleigh y Jeans? No tuvieron el valor de enfrentarse a la tradición, pero su error ayudó al surgimiento de la mecánica cuántica.

En este sentido, hay que tener en cuenta que el hecho de que la ciencia se equivoque a veces, lejos de ser una limitación, es precisamente la razón por la que merece la pena confiar en ella. En general, la duda y el error que pueden derivarse de la ciencia, el reconocimiento de dicho error y el valor de la ignorancia son elementos fundamentales para el progreso de la conciencia científica. Tal y como escribió Karl Popper en su obra *Conocimiento objetivo*:

> Evitar los errores es un ideal mezquino: si no nos atrevemos a enfrentarnos a problemas tan difíciles que errar resulte casi inevitable, no habrá desarrollo del conocimiento. De hecho, es de nuestras teorías más atrevidas, incluidas las erróneas, de las que más

aprendemos. Nadie puede evitar cometer errores; lo más importante es aprender de ellos.

La ciencia no se detiene en cada logro, sino que se cuestiona aún más, porque el entusiasmo por un descubrimiento es por naturaleza transitorio, mientras que la duda acompaña al científico toda la vida. Sobre ello, el filósofo Dario Antiseri escribe lo siguiente:

> Si nos importa el progreso de la ciencia, si realmente deseamos aumentar ese objetivo irracionalmente elegido de lograr teorías cada vez más ricas en contenido informativo (explicativo y predictivo), entonces debemos intentar falsificar todas y cada una de las teorías; debemos encontrar grietas en las teorías, hallar errores: porque, cuanto antes se encuentre un error, antes la comunidad científica se halla en la incesante necesidad de inventar y probar una nueva teoría, una teoría mejor. De este modo, la detección y la superación o corrección del error se transforman en el motor de la ciencia.

La duda y el error son importantes actos de libertad que hay que preservar celosamente, pero existe un riesgo. En la ciencia, al igual que en la vida, no hay tiempo para equivocarse. Todo debe hacerse rápido, pronto, con un mayor rendimiento o *performance* (extranjerismo horrible que, sin embargo, pone de manifiesto una sociedad que ya no tiene tiempo para la incertidumbre, los pasos en falso, las divagaciones…, ya sea en las relaciones, en la familia o en el trabajo). Las historias de errores que descubrirá a continuación son la prueba de su poder generativo. Hoy, más que nunca, necesitamos la libertad de poder equivocarnos, en una sociedad y una ciencia que quisieran deshacerse de los errores en beneficio de la homogeneización y de una supuesta perfección que a menudo conducen a aparentes atajos y simplificaciones, y que niegan la complejidad de la vida y de la actividad investigadora, mientras alejan los errores y aíslan a los que los cometen. Aquellos que se equivocaron nos contarán sus historias, esas de errores fatales, absurdos, memorables, tenaces o inesperados. Pero casi todos geniales. Y es que la genialidad del error es lo que mueve el mundo, porque, como nos recuerda el diccionario etimológico de Ottorino Pianigiani, la palabra *genio* deriva del latín *genius*, «fuerza natural productora», que, a su vez, deriva de *genere*, «generar, producir» (*geno*: «[yo] genero o produzco»).

Porque los errores son vida.

1
Campeones del mundo, del fútbol y de la ciencia: Incluso los grandes se equivocan, y lo admiten

Altobelli se libra de un adversario, intenta embestirlo, el centro a la derecha... ¡Conti, al suelo! ¡Penalti, penalti, penalti! ¡Penalti a favor de Italia! ¡Penalti muy justo! Conti se arrastra por el suelo, el penalti ha sido más que justo, otorgado a Italia. Conti corría por el extremo derecho y Briegel lo ha arrastrado por el suelo tras su caída. Incluso le ha agarrado con la mano creyendo que el árbitro no se había dado cuenta y ha arrastrado a nuestro jugador por el suelo. Hay un penalti a favor de los azzurri; estamos en el minuto veintiséis de la primera parte, Italia se ha adelantado de repente en la ofensiva, decíamos que era un buen momento para la selección italiana. Ha conseguido obtener un penalti justísimo, más que justo, que está

a punto de ejecutar, mientras el disparo de Cabrini...
¡Nada! ¡Ha fallado el penalti! ¡Cabrini ha fallado el
penalti! ¡Increíble! ¡Cabrini ha fallado un penalti
en el minuto veintisiete! ¡Es increíble! Hay cosas que
no tienen explicación, sobre todo cuando nos faltan
hombres como Antognoni, cuando tenemos estas
ocasiones contra una defensa que hasta ahora nos ha
estado controlando, fallar un penalti con Cabrini es
muy triste, vamos a ver cómo salen de esta los azzurri.

* * *

Las páginas son demasiado silenciosas como para poder
reproducir la banda sonora con la que el mítico Enrico
Ameri acompañó esos noventa segundos de pura tragedia futbolística que tuvieron lugar el 11 de julio de 1982
en el estadio Santiago Bernabéu de Madrid. Un esplén-
dido fresco de palabras que hizo que toda Italia se estre-
meciera cuando el árbitro Coelho concedió el penalti a
los azzurri por la falta sobre Conti, y que luego elevó con
un creciente sobrecogimiento en el fatídico momento en
que Antonio Cabrini, lateral nacido en 1957, ejecutó el
lanzamiento. Finalmente, cuando el balón se desvió a la
izquierda de Schumacher, las palabras se sumieron en la
desesperación. Noventa mil personas y ciento ochenta
mil ojos en las gradas, incluidos los del presidente de la
República, Sandro Pertini, que acudieron a apoyar a una
Italia que se jugaba la final de la Copa del Mundo contra Alemania, estaban concentrados en Cabrini. No era
él quien debía lanzar ese penalti, pero tenía que hacerlo,
porque el principal lanzador de penaltis de la selección,
Giancarlo Antognoni, no jugaba ese día por estar lesio-

nado. Cabrini, conocido entre los aficionados como Bell'Antonio (Bello Antonio), ídolo de una multitud de admiradoras, no eludió la tarea. Pero falló.

Años más tarde, en una entrevista a la revista *Repubblica* con ocasión de los Mundiales de 2010, Cabrini declaró: «Recuerdo que, cuando subí a la tribuna para la ceremonia de entrega de premios, pedí disculpas al presidente de la República italiana, Sandro Pertini. Él me contestó: "No le des más vueltas"».

* * *

Qué fácil es decir «¡Te has equivocado!». Sin embargo, si cambiamos la persona del discurso, de la segunda a la primera («Me he equivocado»), entonces resulta más complicado de pronunciar, ¿verdad? Y más aún cuando el error se produce delante de todos.

Cabrini no ha sido el único que se ha equivocado públicamente. Mucho antes que él, le tocó el turno a Enrico Fermi. El 11 de julio de Cabrini fue el 12 de diciembre de Fermi, y su Santiago Bernabéu era, en realidad, una de las aulas de la Real Academia de las Ciencias de Suecia. Su final —que no el de la Copa— fue el discurso que pronunció al recibir el Premio Nobel en 1938. Y en esta ocasión, aquellos noventa mil espectadores seguramente se convirtieron en algo menos, aunque no fueron menores la fama y el impacto de sus descubrimientos, que se intensificaron aún más en las décadas posteriores.

Una de las conclusiones de sus estudios fue el hallazgo de lo que Fermi pensaba que eran nuevos elementos «transuránicos», es decir, unidades más pesadas que el uranio. Pocos meses después de la ceremonia de entrega del Premio Nobel, otros físicos se dieron cuenta de que lo que Fermi había observado no eran elementos más pesados que el uranio, sino un proceso que nunca antes se había descrito: la fisión nuclear, la rotura del núcleo originario en fragmentos más pequeños. Fermi había fallado. En aquella conferencia, Fermi se equivocaba. Había cometido un error, pero lo admitió. El texto de su conferencia, que puede consultarse en la página web nobelprize.org, contiene una fe de errores. El reconocimiento del error, lejos de restarles valor al físico italiano y a su Nobel (bien merecido y respaldado por muchos otros logros de enorme valor), los enaltece.

* * *

«Mas para que sepas quién te secunda
contra los Sieneses, aguza en mí el ojo,
tal que mi cara bien te responda:
así verás que soy la sombra de Capocchio,
que falsifiqué los metales con la alquimia;
y has de recordarte, si bien te advierto,
que yo fui de buena naturaleza simia».
(*Divina comedia*, *Infierno*, Canto XXIX)

Hoy en día, intentar imitar a la naturaleza es una práctica común a la hora de diseñar nuevas tecnologías al servicio de la humanidad, hasta el punto de que se ha acuñado el término *biomímesis* para identificar ese proceso de diseño inspirado en los sistemas biológicos y en las soluciones que adoptan plantas y animales.

El sistema de cierre basado en una multitud de ganchos y ojales —conocido por la gran mayoría como «velcro», omnipresente, por ejemplo, en las prendas de vestir, y que se ha hecho famoso por los trajes de los astronautas del Apolo 11— está basado en un proceso similar al que producen las semillas de algunas plantas, que cuentan con una especie de «ganchos» que se agarran al pelo de los animales con el fin de propagarse por el territorio.

El sonar y su versión basada en ondas electromagnéticas, el radar, imitan el sistema que permite a los murciélagos moverse en la oscuridad y localizar a sus presas, mientras que la capacidad de la flor de loto para limpiarse del barro gracias a la estructura de su superficie ha inspirado el diseño de tejidos y superficies «antimanchas».

Por otra parte, en la época de Dante, el destino de aquellos que eran considerados «de buena naturaleza simia» podría haber sido aún más doloroso. Esto lo sabe bien Capocchio, cuya pasión por la alquimia y la experimentación no solo lo condujo a la hoguera el 15 de agosto de 1293 en Siena, sino que le otorgó la fama de pecador, que, aunque injusta, será eterna, teniendo en cuenta que Dante lo incluyó en su *Infierno*, como ya hemos visto, concretamente en el Canto XXIX de la *Divina Comedia*.

La alquimia, disciplina de raíces milenarias que se desarrolló tanto en Oriente (en las civilizaciones china e india) como en Occidente (por ejemplo, en el Antiguo Egipto), es conocida especialmente por su ambición a transformar metales básicos, como el plomo, en oro, o a obtener productos que hoy definiríamos «antiedad», como el elixir de la vida eterna. Pero la realidad es que la alquimia era mucho más que eso, y representaba una de las vías por las que la humanidad intentaba satisfacer su sed de conocimiento. Además, a partir de la labor de los alquimistas se han desarrollado conocimientos y técnicas que han sentado las bases de la química moderna.

Durante la Edad Media, sin embargo, los gobernantes y autoridades religiosas no tenían en gran estima a quienes se esforzaban por falsificar el oro o garantizar la inmortalidad (a decir verdad, tampoco hoy en día los primeros gozan de un gran aprecio), y esto arruinó a Capocchio. Según dicen, le fue mejor a Alessandro Lissandri, un noble veneciano que también fue condenado a muerte por alquimista y obligado a abandonar Alejandría. Todo apunta a que la Serenísima República de Venecia[2] le dio refugio en Valdenogher, un minúsculo pueblo en las primeras laderas de los Prealpes Vénetos, donde se construyó una casa y continuó practicando sus experimentos. Su residencia —un interesante edificio del siglo XVI de tres plantas, con bíforas y pórtico, que cuenta con un exterior bastante inusual, sobre todo si tenemos en cuenta la arquitectura de montaña actual— está bien conservada y es actualmente un museo histórico de la alquimia. No es que la Serenísima República estuviera a favor de la alquimia, pues un decreto del 17 de diciembre de 1488 prohibía oficialmente su estudio y práctica, sino que, en realidad, el pragmatismo veneciano era mucho más tolerante con los errores de las investigaciones. Además, la experi-

---

2   La Serenísima República de Venecia fue una ciudad-Estado situada en el norte de Italia, a orillas del mar Adriático. Su capital fue la ciudad de Venecia. Existió como Estado independiente desde el siglo IX hasta 1797. (N. de la t.).

mentación alquímica era crucial para el desarrollo de ese patrimonio que era la fabricación del cristal de Murano. En la Venecia del siglo XVI no eran pocos los que se dedicaban a la alquimia: el sacerdote Giovanni Agostino Panteo publicó en 1518 *Ars Transmutationis Metallicae*, primera obra sobre alquimia impresa en Italia y dedicada al papa León X. Más profano, pero sin duda muy leído, fue el casi contemporáneo *I segreti della Signora Isabella Cortese*, libro de 1561 en el que la noble Cortese, estudiosa y alquimista, transmitía consejos de belleza y fórmulas de cosméticos para las damas de la época.

La fascinación por conocer los secretos de la materia también le llamó la atención a uno de los considerados padres de la ciencia moderna, Isaac Newton. Símbolo de la física a la altura de Galileo y Einstein, a Newton se le atribuyen descubrimientos fundamentales sobre la mecánica, la fuerza de gravitación universal, la luz y el cálculo infinitesimal. Su obra más conocida es *Philosophiae Naturalis Principia Mathematica*, pero sus otros manuscritos contienen más de un millón de palabras que hacen referencia a la alquimia.

A partir de finales del siglo XVIII, la curiosidad por las propiedades microscópicas de la naturaleza se encauzó definitivamente por una vía científica con el nacimiento de la química. Sin embargo, hubo que esperar hasta finales del siglo XIX para que la física rompiera definitivamente el velo que oscurecía la comprensión de lo infinitamente pequeño. Entre los artífices de esos estudios se encuentra Enrico Fermi, al que el Premio Nobel de 1938 reconoció como el descubridor de un instrumento fundamental para penetrar en el microcosmos y modificar sus propiedades.

Siglos de esfuerzo, tragedias, sueños y errores hallaron al fin el rigor científico en los albores del siglo XX. Por tanto, no es sorprendente que el discurso que Enrico Fermi pronunció el 12 de diciembre de 1938 con ocasión de la entrega del Premio Nobel comenzara con un reconocimiento a ese largo camino:

> Aunque el problema de la transmutación de los elementos químicos entre sí es mucho más antiguo que una definición satisfactoria del propio concepto de elemento químico, es bien sabido que el primer y más importante paso hacia su solución lo dio hace solo diecinueve años [1919] el fallecido Lord Rutherford, que inició el método de los bombardeos nucleares.

* * *

La frontera de la investigación sobre las propiedades microscópicas de la materia está hoy representada por la física de partículas y sus instrumentos más potentes, los aceleradores de partículas elementales. En la actualidad, más de doce mil científicos de ciento diez nacionalidades diferentes trabajan en experimentos en el CERN. También hay grandes grupos implicados en otros tipos de investigación puntera, como la fusión termonuclear controlada. Hoy en día, y cada vez más, la ciencia de vanguardia la realizan grandes equipos de investigación, una situación muy diferente a la de finales del siglo XIX y principios del XX, cuando los protagonistas eran principalmente individuos. El Premio Nobel concedido a

Enrico Fermi es probablemente uno de los primeros que reconoce el trabajo en equipo, ese grupo de científicos conocido como «Los chicos de la Vía Panisperna», que surgió bajo la supervisión de Orso Mario Corbino.

En 1918, Corbino asumió la dirección del Instituto de Física de la Universidad de Roma, y durante las dos décadas siguientes —hasta su muerte en 1937— figuró entre los científicos italianos más influyentes. Además de por sus méritos científicos, Corbino destacó por sus dotes políticas y organizativas. Sucesor de Benedetto Croce como ministro de Educación en 1921, contribuyó de manera incondicional a la física italiana y defendía con firmeza un enfoque moderno de la investigación. Fue él quien estableció la primera cátedra de física teórica en Roma, y se la propuso a un entonces jovencísimo Enrico Fermi. Los expertos que lo seleccionaron escribieron lo siguiente: «La Comisión, tras haber evaluado la vasta y compleja literatura científica del profesor Fermi, es unánime al reconocer su calidad excepcional y al constatar que, incluso a una edad tan temprana y con solo unos pocos años de trabajo científico, ya honra considerablemente a la física italiana». Y precisamente en Roma fue donde fundó, junto con Orso Mario Corbino, en el Instituto que por entonces se encontraba en Vía Panisperna, aquel brillante grupo de jóvenes físicos que se convirtió en un punto de referencia para la física de todo el mundo durante una década. Con ese grupo, Fermi llevó a cabo las investigaciones por las que fue galardonado con el Premio Nobel de Física en 1938. Su esposa, Laura Capon, hablaba en estos términos del equipo en su libro *Átomos en mi familia*:

Los chicos de Corbino trabajaban juntos en una colaboración natural y espontánea. La enseñanza de la física se desarrollaba sin formalismos, de manera informal. Alumnos y estudiantes reunían sus esfuerzos para resolver los problemas más complejos bajo las directrices de Enrico Fermi. Fermi llegaba con sus problemas y pensaba en voz alta con ayuda de tizas y una pizarra, delante de todos los demás, que aprendían de este modo a usar su lógica a la hora de resolver problemas de física. La vieja mesa de la habitación de Fermi, alrededor de la cual se reunían maestro y alumnos, sigue siendo un recuerdo de aquellas reuniones tan poco ceremoniosas. Tiene un gran agujero en el centro, donde una vez cayó el furioso puño de Emilio Segrè, cuando los demás no le dejaron hablar cuando él quería. Se molestaba con facilidad, y por eso lo llamaban Basilisco.

La llegada de la mecánica cuántica y la resultante comprensión de la estructura y propiedades del átomo convencieron a los físicos de la época de que el siguiente paso, la frontera del conocimiento, sería el estudio de las propiedades del corazón del átomo, su núcleo. En el Congreso de la Sociedad Italiana para el Progreso de las Ciencias, en el año 1929, Corbino declaró:

Llegamos a la conclusión de que es improbable un enorme progreso en el ámbito ordinario de la física experimental, mientras que se abren muchas oportunidades en la investigación del núcleo atómico, que es el verdadero campo de investigación de la física del futuro.

Era un salto dimensional y conceptual extraordinario. «Dimensional» porque significaba impulsar los estudios de las fracciones de millonésimas de metro correspondientes al tamaño del átomo a una escala de longitud de al menos un millón de veces más pequeña, es decir, el tamaño del núcleo. También era «conceptual» porque la física abandonaba un terreno familiar que había sido explorado desde los albores de la química y se aventuraba en regiones completamente desconocidas. Fermi, con su grupo, comprendió que el futuro era la física nuclear. Tal y como escribió Segrè, «no era un capricho ni el deseo de seguir una moda, sino el resultado de un plan deliberado que Fermi y sus amigos debatieron con determinación, y a veces incluso de manera acalorada».

Desplazar la atención hacia el núcleo no fue fácil, y también requirió un esfuerzo considerable desde el punto de vista organizativo, especialmente para adquirir las nuevas habilidades y el equipo experimental que se requerían para este tipo de estudios.

A principios de 1934, Irène Curie —hija de Maria Skłodowska Curie— y su marido Frédéric Joliot demostraron la posibilidad de alterar las propiedades de los núcleos produciendo de manera artificial elementos radiactivos al bombardear elementos ligeros, como el boro o el aluminio, con partículas alfa, es decir, iones de helio cargados eléctricamente. La noticia conmocionó al mundo de la física nuclear. Los chicos de la Vía Panisperna no disponían de aceleradores de partículas, y su construcción requería tiempo y dinero, lo que contrastaba con la situación de la época, en la que la financiación para la investigación en Italia brillaba por su ausencia. Para tener la posibilidad de competir, era necesario dividirse. Y Fermi se encargó de eso, con ayuda de la «Divina Providencia».

* * *

A pesar de la relativa cercanía entre Vía Panisperna y el Vaticano, en el caso de Fermi, la «Divina Providencia» asumió formas bastante menos espirituales y mucho más humanas, encarnándose en particular en la figura del profesor Giulio Cesare Trabacchi, por aquel entonces director de la Oficina de Sustancias Radiactivas del Ministerio italiano de Economía, un organismo científico creado para gestionar y regular el complejo —y por aquel entonces novísimo y casi desconocido— tema del uso de sustancias radiactivas, sobre todo en aplicaciones médicas y de salud pública. Por uno de esos casos que a veces hacen historia, la Oficina —creada en 1923— se estableció en los edificios del Instituto de Física de la Universidad, en Vía Panisperna, convirtiéndose así en el proveedor local de los instrumentos con los que Fermi abriría las puertas del núcleo.

En realidad, el problema era que había que encontrar sondas para poder explorar el corazón del átomo. Curie y Joliot utilizaron partículas alfa, núcleos de átomos de helio cargados eléctricamente, pero solo pudieron investigar los elementos más ligeros de la tabla periódica. De hecho, las partículas alfa sufren la repulsión natural que el núcleo ejerce sobre ellas debido a la carga eléctrica que transportan. La ingeniosa idea de Fermi fue la de cambiar radicalmente de perspectiva, es decir, utilizar en su lugar neutrones, partículas que acababan de descubrirse en 1932. Al carecer de carga eléctrica, los neutrones pueden penetrar en el núcleo con mayor facilidad, como un cuchillo en la mantequilla, y revelar así sus propiedades más ocultas.

Pero, para los físicos de la época, utilizar los neutrones resultaba una idea descabellada. Las técnicas que se conocían por aquel entonces permitían realizarlo, pero con poquísima efectividad. Entonces, Fermi pensó que la eficacia de penetración compensaría con creces esas pequeñas cifras. «Poco, pero bueno», pensó Fermi. Y tenía razón. Aunque también tuvo algo de suerte. Eso nunca está de más.

* * *

El primer golpe de suerte fue Giulio Cesare Trabacchi, alias «la Divina Providencia». En 1925, la Oficina de Sustancias Radiactivas del Ministerio italiano de Economía, que él mismo dirigía, pasó a convertirse en el Laboratorio de Física, que dependía directamente de la Dirección General de Salud Pública. Se le encomendaron actividades científicas, de inspección y de control sobre la física aplicada a la medicina y, por tanto, con un énfasis considerable en el uso médico de las sustancias radiactivas, que se estaba generalizando precisamente en aquellos años. De hecho, Trabacchi llegó a gestionar casi todas las reservas de material radiactivo de Italia y, en particular, los minerales de radio, bastante escasos en aquella época y también muy costosos, aunque menos que en años anteriores. Las sustancias radiactivas del laboratorio de Trabacchi llegaron a equivaler unos cuantos millones de liras, lo cual —para hacer una comparación— era una cifra similar a todo el presupuesto anual del Consejo Nacional de Investigación. Cuando en 1934 Fermi comenzó sus investigaciones utilizando neutrones, la puerta a la que podía llamar para obtener una fuente de estas preciadas partículas estaba literalmente a su lado. Trabacchi aceptó de buen grado ayudar al grupo de jóvenes físicos dirigido por Fermi, y su contribución fue providencial y absolutamente indispensable. Como escribe Giovanni Battimelli:

> Es bien sabido que los «chicos» de Vía Panisperna solían ponerse divertidos apodos que reflejaban las jerarquías y funciones de los miembros del grupo: Fermi era «el papa», por su fama de infalibilidad; Corbino, el director del Instituto y el dios protector, «el Todopoderoso», y Trabacchi era «la Divina Providencia». Más allá de toda broma, el hecho de que la intervención de Trabacchi no fuera una «ayuda generosa», sino más bien una «condición necesaria», permite evaluar más seriamente el grado de «providencialidad» de su intervención.

* * *

Por otro lado, los protagonistas del segundo golpe de suerte o serendipia, si preferimos llamarlo así, fueron unos peces de colores. Al parecer, ninguno de ellos sufrió.

A principios de marzo de 1934, Fermi comenzó sus experimentos con los neutrones «prestados» de Trabacchi. Pocos días más tarde llegaron los primeros resultados positivos, y el 25 de marzo pudo publicar el primer artículo científico que los explicaba. Con un estilo conciso y breve, la carta que Fermi escribió para *La Ricerca Scientifica* empieza describiendo su propósito:

> Deseo informar en esta carta sobre algunas pruebas destinadas a comprobar si el bombardeo de neutrones no provoca fenómenos de radiactividad posteriores análogos a los observados por el matrimonio Joliot con el bombardeo de partículas alfa.

Y termina anunciando el éxito del resultado y, sobre todo, el inicio de una serie de experimentos:

> Si estas interpretaciones son correctas, tendríamos la formación artificial de elementos radiactivos que emiten partículas beta normales, a diferencia de los encontrados por los Joliot, que emiten positrones... Se están realizando experimentos para llevar a cabo estas pruebas con otros elementos y estudiar mejor las peculiaridades del fenómeno.

Aquel artículo marcó el inicio de unos meses extremadamente prolíficos, salpicados por otras diez contribuciones a revistas científicas dedicadas a la radiactividad inducida por neutrones. Sin embargo, a pesar de los indudables éxitos, en octubre, el grupo no estaba completamente satisfecho: el elemento clave del método científico es la reproducibilidad de los experimentos y sus resultados, que en el caso de los experimentos de Vía Panisperna no siempre ocurría. Al modificar detalles del experimento que aparentemente eran insignificantes, como el material de la mesa sobre la que se colocaban los instrumentos (madera o mármol), los resultados cuantitativos sobre la radiactividad eran diferentes.

Ante esto, la mañana del 22 de octubre, Fermi hizo algo inesperado, sin saber muy bien por qué. Algunos años después, él mismo lo recordaba mientras conversaba con el físico indio Chandrasekhar:

> Trabajábamos muchísimo en la radiactividad inducida por neutrones, y los resultados no tenían ningún sentido. Un día, mientras me dirigía al laboratorio, se me ocurrió estudiar qué sucedería si colocáramos plomo delante de la fuente de neutrones. A diferencia de lo que suelo hacer, tardé mucho tiempo en colocar con precisión en el torno el trozo de plomo; sin duda, había algo que no me convencía, y buscaba cualquier excusa para atrasar el momento de colocar el plomo en su lugar. En un momento dado, me dije a mí mismo: «No, yo no quiero aquí un trozo de plomo; lo que quiero es un trozo de parafina». Y así fue, sin señales premonitorias ni razonamientos conscientes. Inmediatamente, cogí un pedazo de parafina corriente y lo coloqué donde debería haber puesto el plomo.

El resultado fue asombroso. Incluso con un pequeño trozo de parafina colocado entre la fuente y una muestra de plata, la radiactividad aumentó. Enseguida repitieron el experimento con trozos de mayor grosor, y la evidencia era clara. Bruno Pontecorvo, uno de los implicados en el experimento, describió acertadamente esas horas frenéticas en su obra de 1993 *Enrico Fermi. Ricordi di allievi e amici*:

> Fermi nos llamó a todos y nos dijo: «Esto ocurre, presumiblemente, debido al hidrógeno contenido en la

parafina; si una pequeña cantidad de parafina da un resultado tan evidente, probemos a ver qué sucede con una cantidad mayor». De inmediato realizamos el experimento, primero con parafina y después con agua. Los resultados fueron asombrosos: ¡la actividad de la plata era cien veces superior a la que obtuvimos antes! Fermi puso fin al alboroto y la agitación de sus colaboradores pronunciando una frase que, dicen, repitió ocho años más tarde en el momento de poner en marcha la primera pila atómica en Chicago: «Vámonos a almorzar...».

En aquella época no se disponía de cantinas, y los miembros del grupo se fueron dispersando para irse a casa a comer. Segrè y Hoerlin recuerdan un detalle curioso a propósito de aquel momento en su interesante libro *Il Papa della fisica*. Aquel día, Laura Capon se encontraba en casa de sus padres en la Toscana, así que Fermi almorzó solo y, por tanto, más rápido de lo habitual. Cuando sus compañeros volvieron al laboratorio, lo encontraron dispuesto a explicar lo que habían observado esa mañana. El futuro nobel se había dado cuenta de que los neutrones que habían atravesado la parafina eran mucho más eficaces para inducir la radiactividad porque las colisiones con los átomos de hidrógeno de la parafina los ralentizaban. Al moverse más despacio, podían pasar más tiempo cerca de los núcleos para interactuar con ellos y generar la radiactividad. La hipótesis quedó confirmada utilizando como absorbente el agua del estanque donde estaban los peces de colores y que, junto con una fuente, decoraba el jardín del Instituto. El agua es rica en hidrógeno, y el resultado fue evidente.

El estanque aún se conserva en lo que hoy es el Museo Histórico de Física y Centro de Estudios e Investigaciones Enrico Fermi, y ha sido declarado lugar histórico de la Sociedad Europea de Física. También quedó explicada la ausencia de capacidad de reproducción ligada al material del que estaban hechas las mesas: la madera contiene más hidrógeno que el mármol, y algunos neutrones, antes de alcanzar el objetivo que debían irradiar, rebotaban en la mesa, cuya madera hacía que su velocidad se fuera reduciendo. Por ello, los experimentos realizados con los instrumentos colocados sobre superficies de madera producían una mayor radiactividad.

Dicen que la fortuna favorece a los audaces. Y también a los genios. De nuevo, Bruno Pontecorvo resumió claramente lo que ocurrió aquel 22 de octubre:

[En el descubrimiento de los neutrones lentos] han jugado un papel fundamental tanto las casualidades como la intensidad y la intuición de un gran intelecto. Cuando le preguntamos a Fermi por qué había utilizado un trozo de parafina y no de plomo, sonrió y con aspecto burlón declaró: «C. I. F.» (Con Intuición Fenomenal). Si esta declaración le hace pensar al lector que Fermi era pretencioso, está totalmente equivocado. Fermi era un hombre directo, bastante sencillo y humilde, pero consciente de sus propias capacidades. A este respecto, cuando, aquel famoso día, regresó al Instituto después de almorzar y nos explicó el efecto de la parafina con una increíble claridad, introduciendo así el concepto de *ralentización de los neutrones*, nos dijo con total sinceridad: «Qué estúpido es haber descubierto este fenómeno por casualidad y no haber sabido preverlo».

* * *

La llamada desde Estocolmo llegó en la tarde del 10 de noviembre de 1938. Los hallazgos con los neutrones lentos habían dado la vuelta al mundo, y el grupo de Vía Panisperna se convirtió en el protagonista de la física internacional. Pero Fermi también la estaba esperando por otro motivo. Con un procedimiento absolutamente inusual pero dictado por la dramática situación que vivía Europa en aquellos meses, el físico danés Niels Bohr le comunicó a Fermi que se encontraba entre los candidatos al Premio Nobel y le preguntó si, en caso de ganarlo, aceptaría el premio e iría a recogerlo personalmente. Dado que Hitler prohibió en 1936 que los alemanes aceptaran el Premio Nobel como represalia por la concesión del Premio de la Paz al antinazi Carl von Ossietzky, la creciente cercanía de la Italia fascista a la Alemania nazi hacía temer que algo similar pudiera ocurrirles a los italianos. Fermi tranquilizó a Bohr al respecto, quien transmitió la información a Suecia.

El 12 de diciembre de ese año, el físico italiano se presentó ante el rey de Suecia. Tras la conferencia inaugural mencionada al principio de este capítulo, pasó a describir los resultados que había obtenido junto con sus colaboradores (Amaldi, D'Agostino, Pontecorvo, Rasetti y Segrè), a los que inmediatamente dio las gracias. Aproximadamente a la mitad de su discurso, Fermi, al describir los productos radiactivos de sus experimentos (los «portadores»), dijo: «Llegamos a la conclusión de que los portadores eran uno o más elementos con un número atómico superior a 92; nosotros, en Roma, solemos llamar a los elementos 93 y 94 Ausonium y Herperium respectivamente».

El penalti de Antonio Cabrini.

El grupo de física en torno a Enrico Fermi en el patio del Instituto de Física (Via Panisperna) de Roma en 1934. De izquierda a derecha: Oscar D'Agostino , Emilio Segrè, Edoardo Amaldi , Franco Rasetti y Enrico Fermi.

* * *

Aunque técnicamente fue un efecto secundario de aquel descubrimiento de los neutrones lentos como actores de la radiactividad artificial lo que lo llevó a obtener el Premio Nobel, la identificación en 1934 de elementos químicos con un número atómico superior al del uranio —elemento que en aquella época se consideraba el último de la tabla periódica— fue revolucionaria. De hecho, fue algo tan innovador que el grupo de Vía Panisperna se mostró bastante cauto al respecto, excepto su mentor, Orso Mario Corbino, quien no manifestó tanta prudencia. Como ocurriría en otras ocasiones en el futuro —y de alguna de las cuales hablaremos más adelante—, el deseo de comunicarlo prevaleció sobre la discreción del método científico, incluso hizo que un investigador experimentado como Corbino diera un movimiento en falso. Fue durante la ceremonia de clausura del curso académico, que se celebró el 4 de junio en la Accademia dei Lincei[3], en presencia del rey Víctor Manuel III. Corbino fue el responsable de pronunciar el discurso final, que tituló *Risultati e prospettive della fisica moderna* (*Resultados y perspectivas de la física moderna*). Habló de los resultados que obtuvo el grupo de Fermi y declaró lo siguiente:

---

3   La Academia Nacional de los Linces es la primera academia de ciencias en Italia que ha perdurado y el escenario de la revolución científica del siglo XVII. La Academia, fundada en 1603, fue bautizada haciendo referencia al lince, un animal cuya visión aguda simboliza la destreza en la observación requerida por la ciencia. (N. de la t.).

El caso del uranio, de número atómico 92, es particularmente interesante. Parece que, tras haber absorbido el neutrón, se convierte rápidamente por emisión de un electrón en el elemento inmediatamente superior de la serie, es decir, en un nuevo elemento con número atómico 93, al que le corresponde una carga nuclear mayor que la de todos los elementos existentes... Por supuesto, eran necesarias otras pruebas, y muchas de ellas se llevaron a cabo, todas con resultados favorables. Sin embargo, el estudio es tan delicado que justifica la prudencia de Fermi al continuar las investigaciones antes de anunciar el descubrimiento como definitivo. Por si sirve de algo mi opinión, en el transcurso de este estudio que he seguido a diario, creo que puedo concluir afirmando que la producción de este nuevo elemento ya está seguramente confirmada.

Tal y como relató el físico Emilio Segrè en su libro *Enrico Fermi, físico*, Fermi desconocía de antemano las palabras que pronunciaría Corbino en su discurso de clausura, las cuales le molestaron sobremanera («Pocas veces lo he visto de tan mal humor como después de las declaraciones de Corbino»), especialmente porque enseguida la prensa italiana e internacional se hicieron eco de sus palabras, si bien obviaron los comentarios de prudencia que también acompañaban al discurso.

Cuatro años después, en Estocolmo, Fermi —seguramente convencido del descubrimiento— mencionó los elementos transuránicos en su conferencia, e incluso los llamó por los nombres de *ausonium* y *hesperium*, hijos de la retórica nacionalista de la época. De hecho, Ausonium y

Hesperium eran los nombres que los antiguos poetas latinos usaban para referirse a Italia.

Por desgracia para él, en los meses que transcurrieron desde que obtuvo el Premio Nobel hasta la posterior publicación de su trabajo, Lise Meitner, Otto Frisch, Otto Hahn y Fritz Strassmann descubrieron que lo que Fermi había observado no eran elementos más pesados que el uranio, sino que se trataba en realidad de algo completamente nuevo e impactante: la fisión del núcleo. El núcleo atómico, considerado hasta entonces como el elemento básico de la materia e indivisible, podía dividirse. La humanidad podría incluso llegar a forjar el microcosmos. Los experimentos de Hahn y Strassmann, que se inspiraron en los trabajos de Fermi, llevaron a Lise Meitner y Otto Frisch a desarrollar la teoría de la fisión nuclear, publicada el 18 de marzo de 1939, en un artículo para la revista *Nature* y que se convertiría en uno de los pilares de la física moderna. A diferencia de Otto Hahn y Fritz Strassmann, que eran científicos varones, Lise Meitner —mujer, judía y la que comprendió y describió teóricamente lo que sus colegas realizaban con los experimentos— no recibió el Premio Nobel.

El artículo en *Nature* lo escribió en Suecia, donde tuvo que refugiarse debido a las leyes raciales nazis y la consiguiente pérdida de trabajo en Alemania.

Fermi se había equivocado. Había tenido ante sus ojos la prueba de un proceso jamás observado con anterioridad, la fisión, pero no se había dado cuenta, aunque era obvio que tenía dudas sobre su interpretación. Prueba de ello es, por ejemplo, el artículo que publicó en *Nature* en 1934, titulado «Possible Production of Elements of

Lise Meitner y Otto Hahn en el laboratorio, Kaiser-Wilhelm Institut für Chemie, Berlin. Albert Einstein la elogió llamandola la «Marie Curie alemana». [NARA]

Atomic Number Higher than 92» («Posible producción de elementos de número atómico superior a 92»). El adjetivo *posible* del título es revelador, así como el propio texto del artículo que, a la hora de describir los hechos experimentales, no tiene el tono asertivo que cabría esperar de alguien que está completamente seguro de la tesis que presenta. Al hablar de cómo sus mediciones descartarían la posibilidad de que el elemento radiactivo pudiera ser uranio o algo más ligero, Fermi escribió: «Esta evidencia negativa [...] sugiere la posibilidad de que el número atómico del elemento pueda ser superior a 92. [...] No obstante, esta evidencia no puede considerarse muy sólida».

Pero más dudas aún tenía Ida Noddack, una química alemana que en 1934 escribió un artículo en el que criticaba duramente la interpretación «transuránica» de los chicos de la Vía Panisperna, especulando con la idea de que lo que observaban los físicos romanos era en realidad la fisión: «Cuando los núcleos pesados son bombardeados por los neutrones, es posible que el núcleo se rompa en varios fragmentos grandes, que naturalmente serían isótopos de elementos conocidos pero no próximos al elemento irradiado». Nadie la escuchó.

Durante mucho tiempo se ha debatido si, con la maquinaria experimental de la que disponían, los chicos de la Vía Panisperna habrían sido capaces de comprender lo que realmente estaba sucediendo. Sin embargo, algunos detalles del proceso podrían haber dificultado la comprensión, como, por ejemplo, la fina pantalla de aluminio que Fermi y sus compañeros colocaron alrededor de las muestras de uranio para proteger los detectores de señales espurias. Además, cabe mencionar que Frisch y Meitner también se beneficiaron del conocimiento del modelo de la gota del núcleo, propuesto por Niels Bohr en 1938.

En conclusión, una serie de circunstancias impidieron que fuera Fermi el primero en descubrir la fisión. Y él, abiertamente, lo admitió en la fe de errores que adjuntó al texto de su discurso, pronunciado en Estocolmo, con el objetivo de corregirlo. En la parte que hace referencia a *ausonium* y *hesperium* aparece un asterisco que remite a una nota a pie de página, que dice:

> El descubrimiento de Hahn y Strassmann del bario entre los productos de desintegración del uranio bombardeado, como consecuencia de un proceso en el que el uranio se divide en dos partes aproximadamente iguales, hace necesario volver a examinar todos los problemas de los elementos transuránicos, pues muchos de ellos podrían ser productos de la división del uranio.

Fermi, premio nobel, genio indiscutible de la física mundial, no tuvo miedo de reconocer su error sobre un tema que, además, no fue determinante para la concesión del premio —un error que no afecta a la validez del prestigioso galardón—, y expuso públicamente su equivocación en nombre de un valor superior, la ética de la ciencia. Una equivocación que, si no la hubiese cometido, tal vez la historia habría sido diferente.

* * *

Nada hacía presagiar que aquel tren que lentamente dejaba atrás la estación Termini de Roma era distinto a todos los demás que cada día salían de la capital. Ni que ese 6 de diciembre de 1938 no era un martes cualquiera. En realidad, ese tren (quizá el número 44, el de las 23:25 horas, con destino a Milán, que después proseguiría hasta Berlín para llegar finalmente a Estocolmo) circulaba por las vías de la historia. En su interior, viajaba la familia Fermi: Enrico, que se dirigía a la capital sueca para recoger el Premio Nobel de Física; su esposa, Laura Capon, y sus hijos, Nella y Giulio. En circunstancias normales, habría sido un viaje alegre, para celebrar un gran momento. En cambio, ese viaje suponía un inicio y un final al mismo tiempo. Significaba el inicio de un exilio impuesto por las leyes raciales del fascismo, que afectaron de lleno a la familia Fermi. También significaba el final de aquella extraordinaria experiencia científica que vivió junto con el grupo de física de Vía Panisperna.

Pocas semanas antes, el 10 de noviembre, informaron a Fermi de que había obtenido el prestigioso reconocimiento. Por desgracia, en aquella época, los titulares de los diarios y las conversaciones versaban sobre algo totalmente distinto. El 11 de noviembre los principales periódicos publicaron un titular a nueve columnas sobre la aprobación del Consejo de Ministros de un proyecto de decreto-ley propuesto por Mussolini y que contenía las infames disposiciones «para la defensa de la raza italiana». La noticia sobre el Premio Nobel otorgado a un científico italiano quedó, pues, relegada a las páginas interiores, ya que Fermi, para el régimen fascista, estaba manchado: su esposa Laura era judía.

Durante la mañana del 6 de diciembre, Fermi participó en el Consejo de la Facultad, en el que se informó sobre la destitución del profesor y matemático Tullio Levi-Civita. Levi-Civita, junto con su colega paduano Gregorio Ricci Curbastro, había creado hacía unos años las herramientas matemáticas que permitirían a Albert Einstein concretizar la teoría de la relatividad general. Pero era judío.

El físico Edoardo Amaldi, que fue alumno y colaborador de Fermi en Vía Panisperna, recuerda aquella velada en la estación Termini en su libro *Da via Panisperna all'America*:

> Si bien recuerdo, el tren con la familia Fermi partió de la estación Termini con destino Estocolmo alrededor de las 9 de la noche del 6 de diciembre de 1938. Franco Rasetti, Ginestra y yo, y algunos de sus familiares habíamos quedado para despedirnos de ellos en el andén antes de regresar a casa. En el camino, por la calle, observaba a la gente. Nadie se daba cuenta, pero yo sabía (o, más bien, todos nosotros lo sabíamos) que esa noche se cerraba definitivamente un período muy breve de la historia de la cultura en Italia, que podría haberse extendido, desarrollarse y quizá haber tenido un impacto más amplio en el entorno universitario y, con el paso de los años, tal vez incluso en todo el país. Nuestro pequeño mundo se había desbaratado y, con toda seguridad, destruido, por culpa de fuerzas y circunstancias que se hallaban completamente fuera de nuestro alcance. Alguien podría habernos dicho lo ingenuo que fue pensar en construir un edi-

ficio frágil y delicado en la pendiente de un volcán que mostraba signos tan evidentes del aumento de su actividad. Pero en esa misma pendiente habíamos nacido y crecido, y siempre habíamos pensado que lo que hacíamos era mucho más duradero que esa fase política que el país estaba atravesando.

Sin duda, el mundo del que habla Amaldi era bastante pequeño en términos numéricos, pero había contribuido enormemente a la nueva comprensión de la naturaleza que la física protagonizó en las primeras décadas del siglo XX, a partir de la teoría de la relatividad y la mecánica cuántica. El grupo de la Vía Panisperna logró resultados fundamentales para el desarrollo de la física nuclear, una disciplina que en aquella época estaba dando sus primeros pasos. El Nobel de Física de 1938 coronaba una aventura científica que pasaría a la historia, pero que sucedió, tal y como escribió Amaldi, en las laderas de ese volcán que antaño era Italia, guiada por la dictadura de Mussolini hasta el desastre bélico y la vergüenza de la Shoah. A principios de septiembre, el Gobierno fascista aprobó las leyes que expulsaban a los alumnos y profesores judíos del sistema educativo, alineándose cada vez más con la Alemania nazi. Como relatan Segrè y Hoerlin, estas noticias convencieron a Fermi de la necesidad de abandonar Italia. En las semanas posteriores, Fermi obtuvo una cátedra en la Universidad de Columbia, en Nueva York. Cuando llegó el anuncio del Premio Nobel, los Fermi decidieron que el viaje a Estocolmo supondría la ocasión de abandonar definitivamente Italia. El padre de Laura, el almirante Augusto Capon, sería deportado y asesinado en Auschwitz el 23 de octubre de 1943.

Sello italiano conmemorativo. El sello arrastra un error que aparece en una fotografía tomada a Fermi escribiendo en una pizarra. La fórmula de la constante de estructura fina debería ser: $\alpha = e^2/\hbar\,c$. [catwalker]

El silbido con el que el 6 de diciembre el jefe de la estación Termini dio luz verde al tren que se dirigía a Estocolmo marcó un dramático punto de inflexión en la vida privada de la familia Fermi, que tuvo que abandonar su hogar, a sus seres queridos y los lugares donde habían vivido durante años. Echando la vista atrás, puede que este enorme sacrificio hubiera servido para evitar que el fascismo se beneficiara de las investigaciones de Fermi, una situación que años atrás amenazó con suceder, pero que no llegó a materializarse debido al error con los elementos transuránicos. ¿Cómo habría sido el mundo si Fermi hubiese descubierto la fisión nuclear tres años antes, en 1935? Posiblemente, el nazifascismo se hubiera dado cuenta de la importancia del hallazgo para fines bélicos y lo hubiera utilizado para construir la bomba.

Cuando se comprendió la fisión, a finales de 1938, la situación era diferente. Las leyes raciales habían expulsado a brillantes científicos de Alemania e Italia, Europa estaba al borde de la guerra y Fermi se embarcaba (la víspera de Navidad) en el transatlántico Franconia, que lo llevaría a Estados Unidos. Allí, gracias, entre otras cosas, a una famosa carta que Einstein escribió al presidente Roosevelt en el verano de 1939, los estudios sobre la fisión cobraron velocidad. Fue precisamente entonces cuando Fermi realizó en Chicago, el 2 de diciembre de 1942, la primera reacción de fisión nuclear en cadena, un resultado que abriría las puertas al proyecto Manhattan y que, después de la guerra, se utilizaría para el diseño y la construcción de los primeros reactores nucleares civiles para la producción de energía eléctrica.

Aunque aquel 6 de diciembre puso fin a una era y relegó a los chicos de la Vía Panisperna a la historia, el legado de aquel grupo italiano de física no se perdió tras la Segunda Guerra Mundial. Incluso hoy sigue dando sus frutos, convirtiendo al país en uno de los líderes mundiales de la física, como ha quedado demostrado recientemente con Giorgio Parisi y su Premio Nobel. Un premio que, por una curiosa broma del destino, le fue entregado el 6 de diciembre de 2021, y debido a las restricciones impuestas por el COVID-19, no pudo ser en Estocolmo, sino en el Aula Magna de la Universidad La Sapienza, a menos de un kilómetro de la estación Termini.

Ochenta y tres años después, tiene lugar una especie de conexión ideal entre dos momentos históricos para la ciencia italiana. Afortunadamente, hoy vivimos en un país libre y democrático, pero el recuerdo de aquellos años debería acompañarnos siempre, incluso a través de historias menos conocidas, como el viaje en ese tren con destino a Estocolmo o la anécdota de un error memorable.

2
Los marcianos, las montañas rusas y la Biblia de los adúlteros: El diablo está en los detalles

«Honour thy father and thy mother, that thy days may bee long vpon the land which the LORD thy God giueth thee.
Thou fhalt not kill.
Thou fhalt commit adultery.
Thou fhalt not fteale.
Thou fhalt not beare falfe witneffe
againft thy neighbour».[4]

A pesar de mis esfuerzos y los de los profesionales de la edición, es prácticamente imposible que este libro no contenga ningún error de ortografía. Que en unos 300.000

---

4   «Honra a tu padre y a tu madre, para que tus días se alarguen sobre la tierra que Yahveh tu Dios te da. No matarás. Cometerás adulterio. No robarás. No faltarás a tu prójimo».

caracteres se hayan escapado algunos —esperemos que pocos— erores de impresión es bastante probable, y le pedimos disculpas de antemano.

Y no, el *erores* de la frase anterior no se nos ha escapado. Lo escribí a propósito, con el permiso del editor, porque, al fin y al cabo, se trata de un error inofensivo que no altera la comprensión del texto. En cambio, lo que dio un vuelco al sentido de la frase y causó un grave bochorno a los editores —no al autor de la obra, que estaba acostumbrado a errores bastante más graves de sus lectores y que, por tanto, seguramente lo pasó por alto— fue la omisión de las tres letras que forman la palabra *not* en el versículo 14 del capítulo XX del Libro del Éxodo, publicado en 1631 en una edición inglesa de la Biblia que pasaría a la historia como la Biblia de los Adúlteros. Ese capítulo comienza con el enunciado de los diez mandamientos. El séptimo (versículo 14) indica: «No cometerás actos impuros». Pero, como puede observar en la transcripción al principio de este capítulo —se trata de la versión original de 1631, en un inglés arcaico pero comprensible—, se olvidaron de incluir la negación *not*, y el resultado fue una atronadora recomendación de infidelidad a la pareja. Teniendo en cuenta el contexto, se trata de un error bastante grave. De hecho, en aquella época no se lo tomaron muy bien. El eclesiástico Peter Heylyn, en su *Cyprianus Anglicus* de 1668, habla de un *scandalous mistake* («error escandaloso»), y afirma que se retiraron todos los ejemplares de la tirada y que los editores fueron personalmente multados por el rey con la considerable cantidad de trescientas libras. Además, perdieron su licencia de impresores.

Sin embargo, no todas las copias fueron destruidas, y a día de hoy se conoce la existencia de unos veinte ejemplares, obviamente de un valor incalculable. El último que salió a la luz fue en una subasta de 2022 en Nueva Zelanda y es el primer ejemplar encontrado en el hemisferio sur.

* * *

Dice Galileo Galilei en *El ensayador*:

> La filosofía natural está escrita en ese vasto libro que está siempre abierto ante nuestros ojos: me refiero al universo, pero no puede entenderse sin antes aprender a entender el lenguaje y conocer los caracteres en los que está escrito. Está escrito en lenguaje matemático, y las letras son triángulos, círculos y otras figuras geométricas, sin las cuales es humanamente imposible entender una sola palabra; sin ellas se deambula en vano por un oscuro laberinto.

El método científico se basa en la observación de los fenómenos, la postulación de hipótesis, su verificación experimental reproducible y, si todo encaja, la formulación de leyes de validez general. Estas leyes se expresan en lenguaje matemático, en símbolos, ecuaciones, «triángulos, círculos y otras figuras geométricas» que son comprensibles e inequívocas en todo el mundo. Una simple expresión como la segunda ley de Newton, que se escribe con pocos caracteres, describe el movimiento, desde el movimiento planetario hasta el de la petanca. Todo el electromagnetismo (desde la bombilla del cuarto de baño hasta el arcoíris, desde el láser hasta la radiación cósmica de fondo) está incluido en los cuatro elegantes renglones de las ecuaciones de Maxwell.

Gracias a este alfabeto común, los científicos se entienden, interactúan entre ellos y describen el universo. Sin embargo, somos seres humanos, y la fascinación por la comunicación verbal, ya sea escrita u oral, es tan antigua como el mundo. Para que la ciencia se difunda tanto entre los profesionales como entre el público en general, es necesaria la comunicación, un medio creado también a través de imágenes y metáforas relacionadas con nuestra experiencia y nuestra especie humana. Pero, aun así, a pesar de las recomendaciones del fundador del método científico, los mismos académicos a veces cometen errores debido a la transmisión de la información (o, mejor dicho, debido a la traducción entre diferentes lenguas) que, en ocasiones, conlleva resultados desastrosos, como ilustran las historias que narraré a continuación.

La primera historia tiene que ver con el hecho de que, aunque las fórmulas y los símbolos matemáticos son una parte fundamental del alfabeto científico, la comunicación entre humanos también requiere palabras. Y en lo referente a las palabras, son tantas las lenguas del mundo y tantos son los conceptos que hay que traducir que, inevitablemente, la probabilidad de cometer errores aumenta en cada transmisión.

Asimismo, cuando las leyes fundamentales de la ciencia se aplican y se utilizan para comprender el mundo, también necesitan traducirse. Los experimentos, las observaciones y la tecnología requieren mediciones. El acto de calcular es la mediación humana entre la teoría y la naturaleza, y el alfabeto está formado por unidades de medida. Si digo que ese objeto mide 2, no significa nada, pero si añado la palabra *metros* o *kilómetros*, entonces sí que lo entendemos, y el término puede suponer una gran diferencia. Con «2 metros» probablemente estoy midiendo la longitud de una mesa o un trozo de tela, mientras que con «2 kilómetros» puedo estar refiriéndome a un tramo de carretera. Siguen siendo 2, pero confundir la unidad de medida puede conllevar ciertos problemas, sobre todo si ha encargado por Internet un trozo de tela para su nuevo vestido y, en su lugar, aparece ante su casa un camión tirando de un remolque con 2 kilómetros de una hermosa cachemira. La ciencia y la técnica han hecho enormes esfuerzos para adoptar un sistema de unidades de medida común y universal, pero la tradición impide que se consiga por completo.

En el resto del capítulo contaré algunas de las meteduras de pata que pueden ocurrir si traducimos erróneamente las unidades de medida.

* * *

Hablar diferentes lenguas puede dar lugar a malentendidos. De esto saben bastante los habitantes de Babel y, en una época más reciente, Totó y Peppino De Filippo[5], en la famosa escena del diálogo con el policía milanés en la comedia musical *Totó, Peppino y la mala mujer*.

---

5   Famosos cómicos italianos. De Totó se dice que era el Chaplin italiano (N. de la t.).

Fue precisamente una traducción poco fiel la que dio lugar al mito de los marcianos, los supuestos habitantes del planeta rojo que se convirtieron en un icono de la vida extraterrestre en el imaginario colectivo. Los protagonistas, en la segunda mitad del siglo XIX, fueron el astrónomo italiano Giovanni Schiaparelli y un traductor anónimo de textos científicos del italiano al inglés. Giovanni Schiaparelli fue nombrado director del Observatorio astronómico de Brera en 1862, y en marzo de 1877 experimentó uno de los acontecimientos más significativos para los astrónomos de la época, la llamada «gran oposición de Marte».

Marte siempre ha inspirado la imaginación del ser humano. Su color rojo intenso siempre ha fascinado y atraído la atención de todos los que levantan la mirada hacia la bóveda celeste, desde la civilización china en el 2441 a. C., la egipcia en el segundo milenio a. C. y los habitantes de Mesopotamia: la cuna de la astronomía occidental.

Con el nacimiento de la astronomía moderna, Marte comenzó a observarse de manera más detallada. Galileo apuntó su telescopio hacia el planeta rojo, seguido por muchos otros en los años posteriores. El hecho de que la ciencia moderna se haya centrado en Marte se debe, entre otras cosas, a que sus observaciones —empezando por las de Tycho Brahe a finales del siglo XVI— fueron los pilares en los que se apoyó la revolución copernicana.

Teniendo en cuenta el gran desarrollo de los telescopios que se produjo en el siglo XIX, la oposición de Marte, es decir, cuando está más próximo a la Tierra —que suele ocurrir cada dos años aproximadamente, en el momento en que el Sol y Marte están alineados pero en lados opuestos del planeta—, era, por tanto, una excelente oportunidad para estudiarlo de cerca. En la primavera de 1877, esta oposición se clasificó como «gran» (esto ocurre cada ocho oposiciones), lo que significa que Marte se encontraba relativamente cerca de nosotros y, por tanto, podía observarse bastante bien. Utilizando un telescopio de 22 centímetros, Schiaparelli realizó observaciones muy precisas para la época, anotando detalles nunca antes observados y dibujando un mapa detallado de su superficie. Aún no existía la posibilidad de realizar fotografías astronómicas de una calidad aceptable, por lo que los resultados de las observaciones se documentaban mediante dibujos realizados a mano. Con un ojo, el astrónomo miraba el ocular del telescopio y, con el otro, la hoja de papel en la que estaba dibujando. El boceto debía realizarse rápidamente, ya que tanto los cambios en la superficie del planeta como la turbulencia de la atmósfera terrestre podían provocar cambios en lo que se estaba observando. A menudo, no había tiempo material para volver a comprobar la exactitud del dibujo. Como señala Pasquale Tucci en un comentario sobre los escritos de Schiaparelli publicado en 1998 por Mimesis, esto «dio lugar a discusiones y controversias, porque a menudo se cuestionaba la veracidad de un detalle observado una sola vez y dibujado por un solo observador».

Un papel especialmente importante a la hora de asignar exactitud a las observaciones lo desempeñaba el prestigio del que gozaba el astrónomo. Tucci escribe: «Desde este punto de vista, Schiaparelli estaba muy protegido porque […] cuando comenzó sus estudios sobre Marte gozaba de un aprecio indiscutible y generalizado en el seno de la comunidad astronómica internacional». Sostener que la exactitud del diseño de una observación depende del prestigio del astrónomo que la realiza es algo que choca con las reglas elementales del método científico, que rechaza el principio de autoridad y tiene como piedra angular la reproducibilidad de las observaciones. Schiaparelli era consciente de ello e introdujo en sus estudios técnicas y procedimientos que deberían haber limitado al máximo la arbitrariedad del individuo. En este sentido, Tucci añade: «Casi como para subrayar visualmente esta elección metodológica, publicó lo que consideraba *hechos* en unos textos dirigidos a la comunidad científica, y lo que consideraba *opiniones* en escritos dirigidos al público en general».

Entre las observaciones que figuran en el mapa de Schiaparelli aparecían estructuras rectilíneas que el científico definió como «canales». Aunque no quería sugerir que habían sido construidas por seres vivos, el término se prestaba a una cierta ambigüedad. Por otro lado, aunque el propio Schiaparelli advirtió que las palabras no debían tomarse de una manera demasiado literal, en aquella época se utilizaban términos como *mares* o *continentes* para describir respectivamente zonas más oscuras o más claras de un planeta o de la Luna, en una especie de paralelismo con lo que se percibiría al observar la Tierra desde otro cuerpo celeste. Los océanos y los mares, que absorben gran parte de la luz solar visible, aparecerían como zonas oscuras, y las masas terrestres, que, por el contrario, reflejan esa luz, serían las zonas claras.

En el mapa y dibujos anexos al informe que Schiaparelli presentó a la Academia Nacional de los Linces abundaban los términos relacionados con la geografía terrestre: estrechos, penínsulas, promontorios, istmos o canales. Aunque dichos términos se usaron para simplificar el lenguaje y evitar interminables descripciones, lo cierto es que, fuera de la comunidad científica, estos escritos sugerían a la opinión pública la existencia de un Marte cuya superficie era similar a la terrestre.

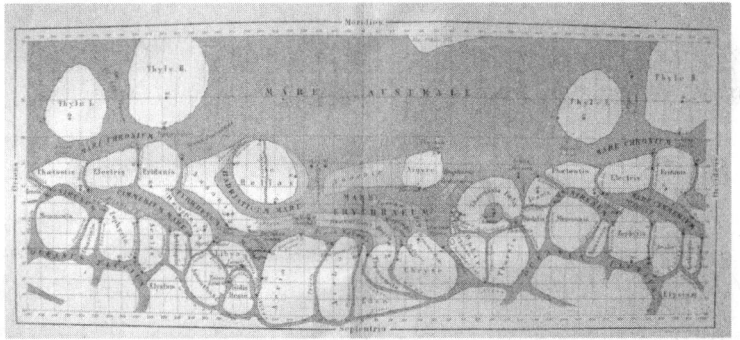

Mapa de Marte de Schiaparelli de 1878-79.
La zona oscura estaba tintada de azul.

Pero el colmo del asunto se produjo a raíz de la traducción inglesa, que usó el término *canals* en lugar de *channels*[6]. No fue un error sin importancia, pues *canals*, a diferencia de *channels*, se refiere a los canales fabricados artificialmente. Y esto ocurrió unos cuantos años después de la inauguración del canal de Suez, que tuvo lugar en 1869. Una obra en tiempos faraónicos que había puesto de relieve el término *canal* como arquetipo de la habili-

---

6   Ambos términos ingleses (*canals* y *channels*) significan «canales» en español. (N. de la t.).

dad humana y su capacidad para modificar los entornos naturales. Si los hombres habían conectado el mar Rojo con el Mediterráneo a través de un corte en el desierto de 193 kilómetros, quizá alguien más también lo había conseguido, allá en Marte…

En los años posteriores, aunque de manera involuntaria y movido por las más nobles intenciones de divulgación, el propio Schiaparelli echó más leña al fuego de la fantasía marciana en sus artículos dirigidos a un público no experto. En su escrito «La vida en Marte», publicado en 1895 en la revista *Natura ed Arte*, comenzó escribiendo:

> El singular globo de Marte, que en muchos aspectos se parece tanto al nuestro y en el que parecen ocultarse tantos misterios interesantes, cada día atrae más la atención del público, y más se convierte en objeto de detallados estudios y atrevidas especulaciones.

Y aunque solía actuar con mucha precaución y siempre aclaraba los hechos científicos destacados, en esta ocasión no escatimó en comentarios y comparaciones que despertaron la curiosidad de los lectores. Al hablar de lo que había observado, afirmó lo siguiente:

> Nuestra mente no está acostumbrada a concebir obras tan grandiosas como producto de poderes comparables al del hombre. Sin embargo, cuando de la consideración general de estos hechos descendemos al estudio minucioso de sus particularidades, y centramos nuestra atención en las misteriosas geminaciones y la extraordinaria regularidad de formas que presentan, la idea —incluso efímera— de que en algún lugar

pueda haber una raza de seres inteligentes no puede considerarse absurda. Es más, teniendo en cuenta el punto al que hemos llegado y la veracidad de las cosas expuestas hasta ahora, tal suposición pierde ese aspecto osado que tanto nos asustaba al principio, y se convierte casi en una consecuencia necesaria.

Concluye el artículo especulando una posible organización de la sociedad marciana que le hubiera permitido llevar a cabo un hipotético sistema hídrico que coincidiese con sus observaciones de canales, valles y embalses:

> Y pasando a un nivel más elevado de ideas, sería interesante analizar qué forma de organización social sería la más adecuada para un estado de cosas como el que hemos descrito. Un entrelazado —o, más bien, una comunidad de intereses— que une de manera inevitable a los habitantes de cada valle, no hace que el socialismo colectivo allí sea mucho más práctico y apropiado que en la Tierra, formando de cada valle y sus habitantes algo similar a un colosal falansterio, por lo que Marte también podría convertirse en un paraíso para los socialistas.

Un planeta rojo también desde el punto de vista político. Bromas aparte, a pesar de que la astronomía no tardó en confirmar que en la atmósfera de Marte no había rastro de oxígeno ni de vapor de agua, y que, por tanto, era muy poco probable la existencia de seres vivos similares al hombre en un planeta tan inhóspito, el marciano «cuasihumano» irrumpió entonces en nuestro imaginario colectivo. Pero de poco sirvió que en 1909 Camille Flammarion, con ayuda de un enorme telescopio que

Litografías de animales lunares y otros objetos descubiertos
por John Herschel en su observatorio del Cabo de
Buena Esperanza y copiados de bocetos publicados en
el *Edinburgh Journal of Science*. [Library of Congress]

contaba con una abertura de 84 centímetros —y, por consiguiente, mucho más preciso—, concluyera que no había rastro de líneas rectas en Marte, y que lo que Schiaparelli había observado era una mezcla de formaciones naturales e ilusión óptica.

Por otra parte, todo esto ocurría en una época en la que la fascinación por la vida extraterrestre se estaba difundiendo de manera exponencial. De hecho, solo habían pasado unas décadas de lo que se denominó The Great Moon Hoax (el Gran engaño de la Luna).

En agosto de 1835, una historia de límites increíbles irrumpió en el diario neoyorquino *The Sun*. En la portada rezaba que *sir* John Herschel había hecho un gran descubrimiento al observar la Luna con un potente telescopio, que en ese momento lo estaba utilizando para cartografiar las nebulosas del cielo nocturno en el cabo de Buena Esperanza, en Sudáfrica. Todo parecía totalmente factible, ya que Herschel era astrónomo y, además, muy conocido, puesto que, entre sus hallazgos, estaba el de haber descubierto el planeta Urano. El primer artículo, para otorgar credibilidad a la historia y crear expectación al mismo tiempo, consistía principalmente en una descripción técnica del telescopio.

Al día siguiente, el segundo artículo transportaba al lector hasta la Luna, en la cual, según el diario *The Sun*, Herschel había identificado un maravilloso entorno geológico compuesto por rocas basálticas de color marrón verdoso, dotado de una atmósfera y de rica vegetación, y, por tanto, potencialmente apto para la vida animal.

En los días posteriores, los artículos eran cada vez más detallados: bosques y llanuras lunares; lagos enclavados entre montañas; formaciones cristalinas de amatistas violeta y lo que parecían ser obeliscos hechos de ese mismo material, de color lila; colinas de cristales rojo bermellón, y praderas de flores amarillas. Incluso había rumores de que Herschel había hallado vida animal. Al principio, parecía haber identificado algo similar a un buey marrón con un singular cuerno redondo, lomo encorvado, y con el pelaje largo y alborotado. Después vinieron toda clase de aves y un monstruoso animal azul parecido a una cabra, cuyo macho estaba dotado de un peculiar cuerno. Por último, también pareció hallar una especie de hombre murciélago.

La historia estaba adornada con algún que otro elemento de credibilidad científica: el supuesto protagonista era un auténtico y reconocido astrónomo y, además, un experto en telescopios, y el texto tenía un estilo técnico. A su veracidad ayudó el hecho de que, en aquel momento, el pobre Herschel se encontraba en lugares remotos, muy

Ilustración de un vendedor de periódicos de *The Sun* promocionando un ejemplar que contiene «El gran engaño de la Luna» de 1835.

ocupado realizando observaciones astronómicas (en esa época no existía Internet), lo que hizo que el relato se convirtiera en un éxito rotundo. Se dividió en seis artículos, que se fueron publicando a lo largo de toda la semana. El propio Edgar Allan Poe intervino en el acalorado debate que siguió. La edición de *The Sun*, que atravesaba una mala situación, se disparó, y los artículos se volvieron a publicar en una serie de fascículos independientes, muy solicitados, que luego retomaron muchos periódicos estadounidenses y europeos.

Locke, el autor del engaño, provenía de una acomodada familia de terratenientes del condado británico de Somerset y profesaba una acérrima fe republicana. Había decidido abandonar las comodidades de la vida burguesa para irse a Londres y dedicarse a la escritura y el periodismo. De allí se trasladó a Nueva York, donde se convirtió en reportero de sucesos y, al mismo tiempo, defensor de la necesidad de que la religión y la ciencia permanecieran separadas, algo que no era obvio en la América de la época. Precisamente de su aversión al vínculo entre fe y ciencia se debe su broma de la Luna, que pretendía ser una sátira dirigida contra la teoría de la pluralidad de los mundos y del reverendo Thomas Dick, un astrónomo aficionado, filósofo y divulgador de cierto renombre, además de uno de los principales defensores de la teoría.

En realidad, la teoría de la pluralidad de los mundos o pluralismo cósmico no era nueva, sino que la idea sobre la que se fundamentaba había surgido en la Antigua Grecia, cuando, a partir de perspectivas atomistas, llegaron a afirmar que la existencia de un número infinito de átomos hacía filosóficamente probable la idea de que otros mundos estuvieran poblados como el nuestro. Hoy en día, la ciencia no descarta la posibilidad de que haya otras formas de vida en el universo y, en este sentido, el tema es objeto de numerosas investigaciones. Sabemos, por ejemplo, que hay miles de planetas fuera de nuestro sistema solar, pero desconocemos si existen formas de vida en ellos. Sin embargo, Locke quería desacreditar las derivas religiosas de la teoría que atribuían a Dios y a su perfecta creación la consecuencia de que todos los cuerpos planetarios —y no solo la Tierra— pudieran contener vida.

Entre los defensores de este creacionismo extraterrestre se encontraba Thomas Dick, autor de varios libros muy populares en su época. Sabía que la Luna tenía atmósfera, actividad volcánica, vegetación tropical, y que era capaz de albergar vida. A pesar de que varios astrónomos de la época ya habían aportado pruebas científicas de que no existían nubes, atmósfera, agua o algún signo de actividad volcánica en la Luna, las teorías del reverendo estaban envueltas en una narración pseudocientífica que las hacía factibles, por lo que tenían muchos seguidores. Además, el asunto sobre la vida extraterrestre cautivaba a los astrónomos profesionales. El propio padre de John Herschel, William Herschel, un famoso astrónomo de la realeza inglesa, defendía la posibilidad de vida en la Luna y en otros planetas, e incluso llegó a escribir sobre la vida en el Sol —aunque más tarde abandonó la idea—, donde, según él, vivían los llamados «solarianos».

Johann Hieronymus Schröter, cuya cartografía de la Luna de 1791 fue la más completa de la época, afirmó que la Luna contaba con una atmósfera, pero probablemente no había lluvia ni nieve, aunque sí que era posible que hubiese agua en los valles lunares. Franz von Paula Gruithuisen afirmó que sus observaciones mostraban caminos y arquitecturas lunares, mientras que Heinrich Wilhelm Olbers estaba convencido de que nuestro satélite podría estar habitado por seres racionales.

La fascinación por los extraterrestres también parecía haberse apoderado del gran matemático alemán Carl Friedrich Gauss, a quien muchos atribuyen —aunque con ciertas dudas, y no por sus escritos, sino por relatos indirectos— la propuesta de un sistema de comunicación con pueblos alienígenas basado en el dibujo de un enorme triángulo rectángulo y tres cuadrados construidos sobre sus lados (en otras palabras, el teorema de Pitágoras), que se obtiene cortando intencionalmente grandes áreas de campos de trigo o de bosques. Dichas figuras geométricas debían ser tan grandes que un observador pudiera verlas desde Marte o la Luna.

Los progresos de la física y la astronomía —y su literatura, que empezaba a salir de ese restringido círculo de expertos— habían convertido el entorno cultural europeo de finales del siglo XIX en un terreno fértil para el nacimiento de la ciencia ficción (pensemos, por ejemplo, en Julio Verne, quien escribió *Viaje al centro de la Tierra*, *De la Tierra a la Luna* y *Veinte mil leguas de viaje submarino* entre 1864 y 1870). Pero el error de los canales de Schiaparelli dio un impulso decisivo al establecimiento de un género que iba a producir auténticos *best sellers*, tanto literarios como cinematográficos.

No cabe duda de que Herbert George Wells escribió *La guerra de los mundos* (1897) inspirado por las consecuencias de aquel error, una obra que se convirtió en un clásico del cine de ciencia ficción en 1953, donde los marcianos se presentan como seres crueles con tecnología avanzada que invaden la Tierra, y que luego perecen debido a las bacterias presentes en nuestra atmósfera.

Puede que Schiaparelli, al igual que Herschel, Flammarion y otros científicos de su época, se dejara llevar más de lo que debiera; pero, si pensamos en cuánta gente ha disfrutado con *La guerra de las galaxias*, *Star Trek* y otros muchos éxitos de ciencia ficción, podemos perdonarlo.

Ilustración de un trípode alienígena realizada por
Alvim Corréa, para la edición francesa de 1906
de *La guerra de los mundos* de H. G. Wells.

* * *

El error de traducción que dio origen a los marcianos no ha sido el único de nuestra milenaria relación con el planeta rojo. Ha habido al menos otro, más reciente, y con consecuencias desgraciadamente catastróficas.

Corría el año 1998, y el 11 de diciembre despegaba de Cabo Cañaveral rumbo a Marte la sonda Mars Climate Orbiter. Había una gran expectación y optimismo en torno a esta misión, entre otras cosas porque, solo un año antes, la NASA había obtenido un gran éxito científico —y mediático— al lograr aterrizar la sonda Pathfinder en Marte. Tras un viaje de siete meses, la Pathfinder no solo se posó suavemente en suelo marciano, sino que llevaba consigo un vehículo autopropulsado, el *rover* Sojourner, un robot de diez kilos equipado con seis ruedas pequeñas, que tenía el tamaño aproximado de un coche de pedales para niños. El Sojourner fue el primer vehículo construido en la Tierra para moverse de forma autónoma en Marte. La misión fue todo un éxito; durante los tres meses que duró la operación, el Sojourner envió a la Tierra cientos de imágenes y analizó las propiedades químicas de varias muestras tomadas en la superficie del planeta. Para tranquilidad del reverendo Dick, las fotos no mostraban signos de vida extraterrestre, pero sí proporcionaban pistas valiosas e indicaban que, efectivamente, hubo agua en Marte en un pasado lejano.

Al igual que ocurrió con las observaciones de Schiaparelli, las de la misión Pathfinder alimentaron la imaginación del gran público. La noticia de su aterrizaje en Marte y las primeras imágenes del planeta irrumpieron en las portadas. Años más tarde, el Pathfinder inspiró a Andy Weir, autor del libro *El marciano,* en el que se basó la película del mismo nombre, dirigida por Ridley Scott y protagonizada por Matt Damon. Precisamente gracias a la antena del Pathfinder, el astronauta perdido en Marte consigue establecer una comunicación con la Tierra.

Aquel 11 de diciembre, la Mars Climate Orbiter abandonó la Tierra en medio de una oleada de entusiasmo, entre otras cosas porque pronto la seguiría su compañera Mars Polar Lander. Orbiter y Lander fueron diseñadas para trabajar en pareja. La Mars Climate Orbiter debía permanecer en órbita alrededor de Marte para estudiar su clima, atmósfera y superficie. Por su parte, la Mars Polar Lander consistía en una ambiciosa misión para colocar una nave espacial sobre el suelo helado cerca del borde del casquete del polo sur de Marte y realizar perforaciones mediante un brazo robótico en busca de agua congelada. En la Mars Polar Lander también había dos microsondas llamadas Deep Space 2, diseñadas para penetrar hasta una cierta profundidad y analizar de forma autónoma el terreno marciano. La Climate Orbiter y la Polar Lander habrían aportado por primera vez información crucial sobre la meteorología y el clima de Marte, además de elementos para responder a la pregunta de si existe o ha existido alguna vez agua en el planeta rojo, una pregunta que está fuertemente relacionada con la posible presencia de vida extraterrestre. La Lander habría trabajado en tierra, mientras que la Orbiter habría permanecido en el aire y, por tanto, también habría actuado como enlace de radio para la transmisión de los datos de la sonda Lander a la Tierra, y también para otras misiones marcianas posteriores. Una valiosísima pareja que podría haber revolucionado nuestro conocimiento de Marte.

* * *

La montaña más alta de Rusia es el monte Elbrús, con una altitud de 5642 metros sobre el nivel del mar, situado en la cordillera caucásica. Si hiciésemos coincidir la frontera geográfica entre Europa y Asia con la línea divisoria de aguas del Caucásico (asunto que aún está sobre la mesa), el Elbrús arrebataría al Mont Blanc el primer puesto como la montaña más alta de Europa. Para ser precisos, en este caso, el Mont Blanc descendería incluso al cuarto puesto, ya que otros dos picos caucásicos, el Dykh-Tau (5205 metros, en Rusia) y el Shkhara (5193 metros, en Georgia), subirían al podio.

A pesar de estos récords, no somos muchos los que, al oír las palabras *montaña rusa,* pensamos en las cumbres del Cáucaso, los Urales o las montañas de Siberia. Lo cierto es que, al oírlas, es mucho más común pensar en uno de los imprescindibles más clásicos de los parques de atracciones, que, en realidad, están bastante vinculados a Rusia, pues su nombre deriva de su lugar de origen. De hecho, todo apunta a que los prototipos de las atracciones actuales eran literalmente montañas o montículos de hielo que los aristócratas rusos hicieron construir alrededor del siglo XVII en sus parques, con el objetivo de poder descender a toda velocidad sobre unos rudimentarios trineos de madera.

En su residencia de Oranienbaum, Catalina la Grande quiso construir en el siglo XVIII una versión en la que los montículos se sustituyeran por estructuras formadas por torres, trampolines y pistas de madera, que también pudieran utilizarse en verano reemplazando los trineos por carros con ruedas. Esta atracción se hizo cada vez más popular, y llegó al París de principios del siglo XIX con el nombre de *montagnes russes*. Hicieron falta algunos años para perfeccionar el mecanismo —al principio, a menudo los vehículos salían volando fuera de la pista, con desagradables consecuencias para quienes pensaban que se estaban divirtiendo—. En 1817 se inventaron los raíles y el ingenioso sistema que se sigue utilizando hoy en día, con ruedas acopladas a unos raíles especiales que impiden que los cochecitos descarrilen.

Las montañas rusas modernas alcanzan alturas de más de cien metros y velocidades máximas de más de doscientos kilómetros por hora, con aceleraciones comparables a las que experimentan los astronautas al despegar del suelo. En definitiva, una experiencia verdaderamente electrizante, en especial para los pasajeros de la montaña rusa Space Mountain de Tokyo Disneyland, que el 5 de diciembre de 2003, mientras gritaban y desafiaban alegremente a la gravedad, vieron cómo descarrilaba su vagón. Afortunadamente, fue un milagro que nadie resultara herido.

Esa emoción extra que nadie esperaba se debió a un error de cálculo provocado por el cambio a unidades métricas del diseño original, en el que todas las dimensiones se expresaban en unidades imperiales (pulgadas y pies, para entendernos). Esto ocurrió en 1995, cuando convirtieron las medidas de los planos en unidades del sistema internacional (metros y centímetros), y las dimensiones de algunos elementos se modificaron ligeramente. En el informe se mantuvieron tanto los planos originales como los nuevos en unidades métricas. En 2002, durante un mantenimiento rutinario, se pidieron unos ejes de recambio para las ruedas, pero erróneamente se utilizaron los antiguos planos, con el resultado de que los ejes que se habían pedido tenían un diámetro de 44,14 milímetros en lugar de los 45 milímetros que correspondían con los nuevos planos. Un diámetro menor provocó vibraciones excesivas del eje, que luego se rompió y causó el descarrilamiento. No hubo daños personales, pero sí importantes consecuencias para los presupuestos del parque.

* * *

El viaje de la Tierra a Marte es bastante largo, dura entre siete y nueve meses, y no está exento de dificultades. Durante este tiempo, los motores a bordo de la sonda deben encenderse periódicamente para mantener la inclinación y el rumbo correctos. Teniendo en cuenta las distancias, una pequeñísima variación de la trayectoria original podría desviar completamente la sonda de su objetivo. Los motores de la sonda Mars Climate Orbiter se encendían regularmente durante breves periodos de tiempo en su traslado de la Tierra a Marte. Como estaba previsto, cada vez que se encendían, se registraban los datos de la telemetría de la sonda y se enviaban a la Tierra, donde los controladores de vuelo volvían a procesar la trayectoria de vez en cuando, asegurándose de que seguía siendo correcta. El ordenador de a bordo realizaba el mismo procesamiento. Al encenderse los motores, se transmitía una fuerza a la sonda, y había que comprobar que no fuese excesiva. Es un poco similar a lo que ocurre cuando un futbolista corre con el balón en el pie y lo mantiene en movimiento delante de él con pequeños y continuos toques.

El problema era que los ordenadores de a bordo se habían programado de tal forma que los cálculos de la trayectoria se realizaban utilizando unidades de medida del sistema métrico decimal (metros, kilogramos y segundos), mientras que, debido a un error, los ordenadores del Centro de Control Terrestre utilizaban unidades de medida anglosajona. Este desastre afectó sobre todo a los cálculos de la fuerza transmitida por los motores. Mientras que los sistemas de a bordo razonaban en newtons —la unidad de fuerza del sistema internacional—, los sistemas terrestres utilizaban la libra-fuerza, la unidad del sistema imperial británico. Habían cometido un error en el proyecto, y la empresa que había creado los dispositivos para controlar la trayectoria en tierra no había utilizado el sistema métrico, tal y como esperaba la NASA.

El problema es que una libra-fuerza corresponde a 4,45 newtons. En resumen, cuando desde la Tierra ordenaron una unidad de fuerza a la hora de encender los motores, sus ordenadores enviaron la orden de una libra-fuerza, pero los sistemas de a bordo supusieron que se trataba de un newton. Un problema de traducción en la comunicación científica, pero no de una palabra, como en el caso de Schiaparelli, sino de números. El resultado fue que cada arranque correspondía aproximadamente a cuatro veces y medio más de lo que era necesario, lo que provocó una desviación excesiva del rumbo. A esto se añadió que nadie se dio cuenta del error durante todos los meses de viaje. Con cada arranque, la desviación era minúscula, pero la continuación del error durante meses hizo que el resultado final no fuera en absoluto insignificante. La Mars Climate Orbiter llegó a la órbita marciana unos 20 kilómetros demasiado bajo para la altitud mínima de seguridad. 57 kilómetros en lugar de unos 80. Una diferencia de 23 kilómetros, una miseria comparada con los 60 millones de kilómetros que había recorrido. Es como si nos equivocásemos en el grosor de un pelo al medir la distancia entre Venecia y Milán[7]. Sin embargo, el 23 de septiembre de 1999, tras nueve meses de viaje y una inversión de 125 millones de dólares, ese pelo fue suficiente para que la Mars Climate Orbiter acabara estrellándose.

Menos de tres meses después, el 3 de diciembre, la NASA perdía también la Mars Polar Lander, probablemente a causa de un fallo en el arranque de los motores que deberían haber controlado y frenado los últimos metros de descenso antes del impacto con el suelo.

* * *

En Hiroshima hay un pequeño monumento conmemorativo, una placa que pasa fácilmente desapercibida en Ote-machi, una calle secundaria del centro de la ciudad. Señala el llamado «hipocentro», es decir, el punto sobre el que, a unos 600 metros de altura, estalló la bomba atómica a las 8:15 horas del 6 de agosto de 1945, desencadenando el apocalipsis en la ciudad japonesa.

---

7   Unos 245 km en línea recta (Nota a la edición).

Monumento al hipocentro de la bomba
atómica de Hiroshima. [Tom PJ]

Cuando uno se detiene a contemplarlo, es fácil mirar
hacia arriba e imaginar el rugido de un avión, un punto
cayendo del cielo y el azul de una mañana de agosto convirtiéndose de repente en una bola infernal. Ese avión se
llamaba Enola Gay, y era un bombardero, y ese punto era
Little Boy, una bomba atómica de cuatro toneladas y tres
metros de largo. La bomba liberó una potencia destruc-
tiva equivalente a unas 16.000 toneladas de TNT y mató
a unas 140.000 personas en el acto y durante los meses
siguientes. A todos los efectos, se trataba de un experimento en el que, desgraciadamente, la ciencia había
dado lo peor de sí misma. Era la segunda que se producía y probaba. La primera había sido detonada unas

semanas antes en Alamogordo, en el desierto de Nuevo México. La segunda había arrasado Hiroshima. La tercera, Nagasaki. Las tres habían funcionado. Coronaban los esfuerzos de más de 130.000 personas que habían trabajado en el proyecto Manhattan, iniciado a raíz de una carta en 1939 en la que Albert Einstein advertía al presidente Roosevelt de la posibilidad de que la Alemania nazi estuviera desarrollando una bomba atómica. El proyecto estuvo liderado por Robert Oppenheimer, y en él habían trabajado algunos de los científicos más importantes de la época, entre ellos, Enrico Fermi, Leo Szilárd, Ernest Lawrence, Hans Bethe y muchos otros, y que, en solo unos años —y contando con considerables recursos económicos— había acelerado drásticamente el uso militar de la energía atómica.

Durante el desarrollo de la bomba atómica no se cometieron errores científicos ni técnicos (o, al menos, no se cometió ninguno que comprometiera el éxito del proyecto). Sin embargo, el destino de muchos ciudadanos japoneses indefensos también estuvo marcado por un error, y, una vez más, se trataba de un error de traducción, aunque esta vez no tenía nada que ver con la ciencia.

Del 17 de julio al 2 de agosto de 1945, los líderes de las potencias vencedoras de la Segunda Guerra Mundial se reunieron en Potsdam para debatir sobre la paz y el nuevo orden mundial tras el conflicto. La Alemania nazi se había rendido, pero las hostilidades con Japón aún continuaban. El 26 de julio, al margen de la conferencia internacional, el presidente estadounidense Truman, el primer ministro británico Churchill y el presidente chino

Chiang Kai-shek presentaron a Japón una propuesta de rendición incondicional con condiciones definitivas, y se le exigía una respuesta clara e inmediata. Cualquier respuesta negativa tendría como consecuencia «la destrucción rápida y total» de Japón. La esperanza era que Japón aceptara rendirse de forma incondicional y evitar una mayor devastación del país.

A pesar de cierta resistencia interna, especialmente en el frente militar, la opinión predominante en el Gobierno japonés era positiva respecto a aceptar la rendición. Las condiciones impuestas sugerían que el emperador no sería derrocado, y la rendición incondicional se imponía a las Fuerzas Armadas y no al Gobierno, lo que implicaba que Japón sobreviviría como entidad nacional, libre para elegir su futura forma de gobierno.

Al día siguiente de hacerse pública la propuesta, los periodistas interrogaron en Tokio al primer ministro japonés, Kantarō Suzuki, sobre la reacción de su Gobierno ante la propuesta de Potsdam. Suzuki dudó en dar una respuesta inequívoca; por un lado, se estaban llevando a cabo negociaciones con la Unión Soviética para que esta —aún neutral respecto a Japón— pudiera actuar como mediadora; por otro lado, la declaración no había sido oficialmente enviada al Gobierno nipón, aunque fue ampliamente difundida por la radio y mediante millones de folletos. Entonces Suzuki recurrió a una respuesta evasiva, es decir, prefería abstenerse de hacer comentarios. Usó la palabra japonesa *mokusatsu*, derivada del término utilizado para expresar «silencio». Sin embargo, en japonés, esta palabra tiene también otros significados, bastante diferentes del que pretendía Suzuki (entre ellos, «ignorar», «no ser digno de comentarios»). Por desgracia, las traducciones de los medios de comunicación y probablemente también las que recibió la cúpula militar estadounidense, fueron precisamente esas, y el mundo recibió el mensaje de que, a ojos del Gobierno japonés, el ultimátum fue ignorado.

La opinión de los historiadores no es unívoca con respecto a este asunto, pero una corriente de pensamiento que surgió en la posguerra apoyaba la idea de que la declaración de Suzuki fue malinterpretada debido a un problema de traducción y que ello provocó la elección de medidas drásticas, es decir, el uso de la bomba atómica. Otros, sin embargo, piensan que la elección se debió a la falta de una inmediata aceptación del ultimátum, independientemente de las sutilezas de la traducción.

Quienquiera que decidiese traducir *mokusatsu* con un único significado —aunque se trate de la primera definición que aparece en el diccionario—, sin molestarse en añadir una nota que especificara que esa palabra también podía significar un simple «sin comentarios», cometió un gran error. Según algunos, las personas que habrían leído esa traducción no sabían japonés, por lo que desconocían que el término usado era ambiguo. Obviamente, el primer ministro también tuvo parte de responsabilidad. No habría habido problemas de traducción si Suzuki hubiera usado un término que no fuera ambiguo a la hora de declarar algo tan importante.

Evitar la complejidad, renunciar a los matices de gris y caer en la simplificación de una comunicación binaria basada en el blanco y el negro, en la ciencia y en la vida, es aparentemente más simple, aunque también suele ser el presagio de un gran error.

Un curioso hámster y un experimento muy pintoresco fueron el principio de un buen negocio farmacéutico. [Levelshalash]

3.

Hámsteres voladores y el origen del universo: Cuando el error está en lo que se busca, pero no en lo que se encuentra

Cuando Patricia Agostino, Santiago Plano y Diego Golombek recibieron la noticia, probablemente se quedaron atónitos, pero también un poco decepcionados. Es razonable que estos tres investigadores de la Universidad Nacional de Quilmes, en Argentina, no esperaran tanta atención mediática por su artículo científico. Es cierto que fue publicado en la prestigiosa revista *Proceedings of the National Academy of Sciences of the United States of America*, pero que un estudio dedicado a la aceleración de la resincronización de los ritmos circadianos con el ciclo día-noche después de un importante *jet lag* pudiera salir del estrecho círculo académico y abrirse paso entre la opinión pública era realmente difícil de predecir.

Sobre todo, porque los sujetos de la investigación, que demostraba cómo la administración de un ingrediente activo concreto podía hacer que las grandes variaciones horarias se restablecieran más rápidamente, eran hámsteres. De hecho, el estudio de los tres científicos ganó el Premio Ig Nobel en 2007, y se hizo popular en todo el mundo. Es cierto que la presencia de ese prefijo (*Ig*) que lo diferencia del más estricto Nobel puede dar lugar a un atisbo de decepción, pero cabe mencionar que los Premios Ig Nobel, concedidos anualmente por la revista *Annals of Improbable Research*, reconocen investigaciones muy serias y tienen el noble propósito de la divulgación científica. Estos premios honran a los científicos que «primero hacen reír a la gente, y luego la hacen pensar. Tienen el objetivo de alabar lo insólito, honrar la imaginación y estimular el interés de las personas por la ciencia, la medicina y la tecnología». Andre Geim, por ejemplo, ganó el Ig Nobel en el año 2000 por su estudio de la levitación magnética de una rana viva, y en 2010 obtuvo el Nobel por su investigación sobre el grafeno.

Teniendo en cuenta el enfoque satírico del premio, no sabemos si simplemente la combinación de *jet lag* y de los hámsteres habría sido suficiente para convencer a los miembros del jurado. Sin embargo, la verdad es que importa poco: el fármaco que los tres científicos utilizaron en los hámsteres se encargó de vencer a la competencia: el sildenafilo. Puede que este fármaco mejorara la existencia de los hámsteres que viajaron de Nueva York a París, pero sin duda también la de muchos hombres, pues es el principio activo de la viagra.

* * *

En la década de 1980, entre los muchos proyectos que estaba llevando a cabo la empresa farmacéutica Pfizer, había uno cuyo objetivo era encontrar nuevos fármacos para el tratamiento de enfermedades cardiovasculares, como la angina de pecho. En general, la angina de pecho se manifiesta con un dolor torácico intenso y transitorio debido a una reducción temporal del suministro de sangre al corazón y la consiguiente reducción de la oxigenación del tejido cardíaco, y suele ser un síntoma de aterosclerosis coronaria.

Hacia finales de la década, los investigadores de Pfizer sintetizaron la molécula de sildenafilo, cuya finalidad era promover la dilatación de los vasos sanguíneos, inhibiendo de esta manera la producción corporal de la proteína PDE5, que interviene en la regulación de la vasodilatación. Los ensayos con animales no habían dado grandes resultados, pero tampoco habían mostrado unos efectos secundarios relevantes. Por tanto, a principios de los años 90 se decidió pasar a los ensayos en humanos. Todo transcurría con normalidad, salvo por un pequeño detalle que, como señaló en una entrevista telefónica John LaMattina —por aquel entonces, alto cargo del Departamento de Investigación y Desarrollo de Pfizer—, podría haber pasado desapercibido si no hubiera sido por el carácter meticuloso de un enfermero o enfermera que se dio cuenta de que varios de los voluntarios masculinos que participaban en el ensayo se tumbaban boca abajo en la camilla durante el examen posterior a la administración del fármaco. La postura se debía a la vergüenza: los sujetos en cuestión tenían una erección bastante prolongada e inesperada, e intentaban disimularla. Efectivamente, el sildenafilo dilataba los vasos sanguíneos, pero no los del corazón, sino los del pene. Hoy sabemos que en el momento del deseo sexual masculino —por mediación del óxido nítrico, una molécula indicadora para el sistema cardiovascular— se produce en el pene el guanosín monofosfato cíclico (GMPc), que favorece la relajación de la musculatura lisa y, por tanto, un mayor flujo sanguíneo y la erección.

La enzima PDE5, que normalmente se libera tras la eyaculación, suprime el GMPc. El sildenafilo, al inhibir la producción de PDE5, favorece la erección y la prolonga. Aquellos hombres que se tumbaban boca abajo estaban probando el efecto de lo que poco después se convertiría en viagra. Dejando de lado el propósito inicial del fármaco, Pfizer se dio cuenta del enorme potencial del producto: en 1995 se calculó que habría unos 150 millones de hombres que sufrían disfunción eréctil, y hoy en día la cifra solo en Estados Unidos ronda los 30 millones. El sildenafilo se patentó en 1996, y el 27 de marzo de 1998 el fármaco fue aprobado por la FDA[8] con el nombre comercial de Viagra, un nombre que —dicen— fue elegido porque evoca fuerza y vitalidad.

Así que algo salió mal para Pfizer, por lo menos eso es lo que parecía. No consiguieron alcanzar el objetivo al que habían dedicado años de investigación e inversión:

---

8   La Administración de Alimentos y Medicamentos (Food and Drug Administration, FDA) es la agencia gubernamental de los Estados Unidos responsable de la regulación de alimentos y medicamentos, entre otras cosas. (N. de la t.).

no lograron un medicamento para la angina de pecho y la hipertensión. No obstante, un posible error se convirtió en un gran éxito. Además de mejorar la vida de muchos hombres, las ventas de viagra aportaron decenas de millones de dólares a los presupuestos de la empresa farmacéutica.

* * *

«Cuando un experimento sale mal, suele ser para bien. Lo que vimos era mucho más importante que lo que estábamos buscando». Aunque esta cita podría aplicarse perfectamente al asunto de la viagra, en realidad tiene que ver con temas menos mundanos, literalmente. De hecho, concluye con la siguiente afirmación: «Este fue en realidad el comienzo de la cosmología moderna».

Esas palabras las pronunció Robert Wilson, quien, junto con Arno Penzias, ganó el Premio Nobel de Física en 1978 por haber sido el primero en medir una luz tan antigua como el universo: la radiación cósmica de fondo, que se generó como consecuencia del Big Bang hace más de 13.000 millones de años. Con este experimento «erróneo» (pues su objetivo era otro), Penzias y Wilson abrieron los ojos de la humanidad ante el origen del mundo, regalándonos en 1963 una fotografía del universo tal y como era unos 400.000 años después del Big Bang. Parece mucho tiempo, pero, comparado con la edad del universo, es como si estuviéramos fotografiando a nuestra abuela de noventa años y, en la pantalla de nuestra cámara, apareciese una imagen suya de cuando solo tenía un día de vida. Y si bien es cierto que las cifras de esta comparación nos parecen asombrosas, pensemos que, incluso sin la fotografía, habríamos tenido una idea de cómo podía haber sido nuestra abuela de pequeña (tendría una cabeza, dos brazos, dos piernas, dos ojos...; en definitiva, sabríamos que era un ser humano normal), pero, en lo que respecta al universo, sabemos muy poco de cuando tenía cincuenta-sesenta años, y de cuando solo era un niño.

Lo que sí es cierto es que el universo se ha estado expandiendo desde su origen. Las galaxias fuera de la nuestra se alejan de nosotros, y las que están más lejos aún lo hacen más rápido. No importa en qué galaxia nos encontremos, todas las demás se alejan de nosotros. Esta expansión no se produce en un espacio preexistente, como ocurre, por ejemplo, durante la explosión de un fuego artificial. Un instante antes de la ignición, los componentes pirotécnicos están encerrados en una caja, muy por encima de nuestras cabezas. Inmediatamente después de la explosión, dichos componentes son proyectados en todas direcciones, y se expanden en el cielo (un espacio que existía antes de la explosión y que seguirá ahí después), dando lugar a efectos sonoros y visuales. Por su parte, las galaxias no se mueven en el espacio, sino que es el propio espacio el que se expande. Intentemos visualizarlo con un globo en cuya superficie pegamos granos de arroz en posiciones aleatorias. La superficie del globo será nuestro mundo, un mundo exclusivamente bidimensional. Para sus habitantes, solo importa la superficie, no existe una parte superior ni inferior. Cada grano de arroz es una galaxia, y ninguno de ellos tiene una posición privilegiada con respecto a los demás, ya que dicho universo superficial es democrático y no tiene ni centro ni bordes, por lo que ningún grano es diferente al resto. Pero a medida que el globo se infla, el espacio de este mundo (que, recordemos, es la superficie del globo) se expande. Si formáramos parte de uno de esos granos de arroz, de cualquiera de ellos, veríamos a los demás alejarse, al igual que hacen las galaxias en nuestro universo. El universo, pues, no tiene un centro: todo se está alejando de todo lo demás, y las galaxias se mueven unas respecto a las otras con una velocidad proporcional a su distancia recíproca. Esto lo predijo en la década de 1820 el astrónomo francés Georges Lemaître, y su contemporáneo Edwin Hubble lo observó experimentalmente con el telescopio del Observatorio del Monte Wilson, en California. La ley que hoy lleva el nombre de ambos (Ley de Hubble-Lemaître) afirma que todas las galaxias observables se están alejando de la Tierra a una velocidad proporcional a su distancia con respecto a nosotros. Las observaciones de Hubble representaron la primera prueba que contradecía la hipótesis entonces dominante de que el universo era estático e inmutable, y en la que creía el propio Einstein, quien, en 1917, solo dos años después de la publicación de la relatividad general, se equivocó.

* * *

El físico teórico fracasa por dos motivos:

1. El diablo le toma el pelo con una falsa suposición (por esto merece *compasión*).
2. Argumenta de manera errónea y descuidada (por esto merece un *cachete*).

El miércoles 3 de febrero de 1905, Einstein escribía desde Berlín estas palabras en una carta dirigida a su colega Hendrik Lorentz. El error que cometería doce años después pertenece sin duda a la primera categoría.

En 1915, poco después de publicar la teoría de la relatividad general, el diablo —o quienquiera que fuese— persuadió a Einstein con una falsa suposición: el universo es estático, inmutable. En realidad, esta idea no fue cosa del diablo, pues era la hipótesis que los científicos de todo el mundo aceptaban en aquella época basándose en los conocimientos de los que disponían, y Einstein simplemente la asumió. Sin embargo, en 1917, se dio cuenta de que su recién nacida teoría de la relatividad general no era coherente con un universo estático, pues la gravedad provocaría su colapso. Lo corrigió añadiendo en sus ecuaciones un término adicional, conocido como la «constante cosmológica», que señaló con la letra griega Λ. Este elemento representaba la fuerza que se oponía a la gravedad (una especie de gravedad negativa), con el objetivo de mantener el universo estático y homogéneo. Esta fuerza solo podía apreciarse a distancias cosmológicas, y era insignificante en escalas espaciales comparables a las del sistema solar, en las que la relatividad general sirvió para realizar importantes comprobaciones, como la descripción de la órbita de Mercurio o las observaciones de Arthur Eddington durante el eclipse de 1919.

Transcurrieron poco más de diez años cuando los trabajos de Lemaître y Hubble pusieron punto y final a las teorías de un universo estático, demostrando que, en realidad, se estaba expandiendo. Einstein reconoció este nuevo descubrimiento y admitió lo que, según él, había sido un error: la introducción de la constante cosmológica. En pocos años modificó sus ecuaciones y, junto con el astrónomo holandés de Sitter, desarrolló la teoría de un universo en expansión estableciendo la constante cosmológica igual a cero.

¿Se equivocó Einstein al introducir la constante cosmológica? Sí y no. ¿Se equivocó al eliminarla de sus ecuaciones? Sí y no. Hay quienes piensan que o hay error, o no lo hay. Es acertado o es erróneo. Lástima que en la ciencia, como en la vida, la escala de grises prevalezca sobre el blanco y el negro.

Ante las pruebas irrefutables de un universo en expansión, Albert Einstein se equivocó al introducir la constante cosmológica. Si no lo hubiese hecho, habría podido predecir la expansión del universo con años de antelación, añadiendo así otro éxito a su ya increíble récord científico. Pero tampoco, porque ochenta y un años después, en 1998, los astrofísicos Perlmutter, Schmidt y Riess ganarían el Premio Nobel al demostrar que la expansión del universo no se produce a una velocidad constante, sino que se acelera. Y esto requiere la presencia de una constante cosmológica positiva, distinta de cero. Podríamos decir que el error de Einstein fue simplemente no haber elegido el momento oportuno: añadió Λ cuando podría haberla evitado, y la eliminó cuando era necesaria.

Por supuesto, es fácil juzgar *a posteriori*.

* * *

Era, para aquellos tiempos, educado, de edad madura y, en su primera juventud, había intentado acciones que requerían una gran audacia. De alguna manera —poco sé yo de estas cosas—, ajustó las alas a sus manos y pies para poder volar como Dédalo, confundiendo leyenda con verdad, y, con el viento a su favor, se lanzó desde lo más alto de la torre y voló una distancia superior a un furlong [unos 200 metros]. Pero agitado por el viento y la corriente del aire, además de por la conciencia de su imprudente intento, cayó y se rompió las piernas, quedando cojo de por vida. Él mismo solía decir que la causa de su equivocación fue que se le olvidó ponerse una cola en la parte posterior del cuerpo.

Quizá la equivocación no fue (solo) la falta de la cola, teniendo en cuenta que el sujeto de la descripción (se trata de un fragmento de *Gesta Regum Anglorum*, de Guillermo de Malmesbury) era su hermano benedictino Oliviero (Eilmer) de Malmesbury, que vivió entre los siglos X y XI. Este devoto monje era un apasionado del vuelo y, creyendo en la leyenda de Dédalo, decidió lanzarse con unas alas rudimentarias desde la torre de la abadía de Malmesbury, en Inglaterra, donde vivía. Como narra el texto, no tuvo suerte, pero al menos logró salir con vida. Sin embargo, hay que reconocerle su valentía: desde la Antigüedad, el ser humano se ha sentido fascinado por el vuelo de las aves, pero habría que esperar hasta la segunda mitad del siglo XV para ver, de la mano de Leonardo da Vinci, los primeros estudios realistas sobre el vuelo, empezando por el de los animales. Su famoso ornitóptero es una máquina voladora diseñada para funcionar imitando el movimiento de las alas de un pájaro.

Sin duda, las aves han sido la primera y principal fuente de inspiración de todos aquellos que han estudiado las técnicas para el vuelo humano, desde el ornitóptero hasta los aviones modernos. Por eso puede parecer extraño, o incluso inapropiado, el hecho de que en el famoso Museo Nacional del Aire y el Espacio de EE. UU. se exponga una trampa para palomas. ¿Puede haber en un museo dedicado al vuelo un artefacto destinado a acorralar en la tierra a aquellos cuyo hogar está en el cielo?

* * *

Robert Wilson y Arno Penzias eran dos físicos que, en los años sesenta, trabajaban en los laboratorios Bell, en Holmdel, Nueva Jersey. En los laboratorios se había construido una gran antena en forma de trompeta y con una abertura de casi seis metros de diámetro. Formaba parte de un sistema pionero de transmisión por satélite llamado Echo, pero el lanzamiento del satélite Telstar unos años más tarde hizo que el sistema Echo quedara obsoleto para aplicaciones comerciales. Penzias y Wilson aprovecharon entonces la oportunidad de reutilizar la antena con fines científicos, en particular, como telescopio para radioastronomía, es decir, para medir señales de radio procedentes de fuentes celestes. En aquella época, su interés se centraba principalmente en nuestra galaxia, entre otras cosas, porque en aquel momento se sabía muy poco sobre las propiedades del universo.

En esos años, la comunidad científica comparaba fundamentalmente dos teorías sobre la naturaleza del universo, y no había suficientes pruebas experimentales para poder decidir entre una o la otra. Una era la teoría del «estado estacionario», que sostenía que el universo era homogéneo en el espacio y el tiempo, y seguiría siéndolo para siempre, mientras que la otra era la que planteaba que el universo había nacido de un «estado increíblemente denso y caliente», en una explosión catastrófica llamada Big Bang. Ambas, por supuesto, partían de la evidencia —sólida, tras las observaciones pioneras de Hubble— de que el universo no era estático, sino que se expandía. También se aceptaba el principio cosmológico, según el cual el universo, en escalas espaciales suficientemente grandes, es isótropo y homogéneo; es decir, las leyes de la naturaleza y el aspecto general del propio universo son los mismos, independientemente de la posición del observador y de la dirección en la que mire.

Los defensores de la teoría de un universo estacionario fueron los astrónomos Fred Hoyle, Tommy Gold y Hermann Bondi. Su idea era extender el principio cosmológico a la dimensión temporal, además de a la espacial. Para ellos, el universo idéntico era no solo en el espacio, sino también en el tiempo. Al igual que no existía un punto del espacio privilegiado, tampoco había un instante temporal privilegiado, como un comienzo. El principio cosmológico extendido a la dimensión temporal se convierte en el «principio cosmológico perfecto». Se dice que Hoyle, Gold y Bondi desarrollaron esta teoría después de ver *Dead of Night* (en español, *Al morir la noche*), una película británica de terror de 1945, famosa por ser la primera que se produjo después de que la guerra impusiera la censura de este género. *Dead of Night* cuenta la historia de las pesadillas recurrentes de un joven arquitecto, y tiene una estructura circular, terminando como empezó y continuando así para siempre. En este sentido, se dice que inspiró la teoría cosmológica del estado estacionario. Para los tres científicos, el universo era inmutable en el espacio y en el tiempo, pero también dinámico. Para mantener la coherencia con la expansión medida por Hubble Hoyle, Gold y Bondi recurrieron a un mecanismo de «generación de materia». Recordemos el ejemplo de la esfera con los granos de arroz unidos a su superficie: si la esfera se expande, la densidad de los granos de arroz sobre la superficie disminuye y, entonces, con el paso del tiempo, el universo ya no seguiría siendo igual que antes: durante la expansión, hay que generar materia (granos de arroz) para que siga manteniendo el mismo aspecto. Por tanto, a medida que el universo se expande, se crea materia para llenar el espacio. Los tres astrónomos calcularon que esto solo requeriría la creación de un átomo de hidrógeno por metro cúbico cada 300.000 años, lo que equivale a unos cientos de átomos al año por galaxia.

* * *

—No tengo una opinión sólida al respecto [el comienzo del universo]. Filosóficamente, la idea de un comienzo del orden actual de la naturaleza me indigna.

—Sir Arthur Stanley Eddington afirma que, filosóficamente, la idea de un comienzo del orden actual de la naturaleza le indigna. Yo, en cambio, me inclinaría por pensar que el estado natural de la teoría cuántica sugiere un comienzo del mundo muy diferente al orden actual de la naturaleza.

Este diálogo apareció publicado en 1931 en la que quizá es la revista científica más prestigiosa del mundo: *Nature*. Y la escena no podía ser más adecuada, pues se trata de Arthur Stanley Eddington, eminente astrofísico inglés, autor de las observaciones experimentales que confirmaron la teoría de la relatividad general durante el eclipse total de 1919. El otro es Georges Lemaître, físico y presbítero belga, del que hablamos anteriormente en lo referente a la expansión del universo. En definitiva, dos padres de la astronomía. Lemaître fue alumno de Eddington, pero lo hermoso de la ciencia es que en ella no se aplica el principio de autoridad. Incluso los maestros pueden ser cuestionados —recordemos a Galileo y Newton—, siempre que se haga siguiendo los cánones del método científico.

El tema de la controversia era el origen del universo. En aquella época, Lemaître proponía que el universo había surgido de forma «puntual», a partir de una especie de átomo primitivo. Según el científico belga, puesto que el universo está en expansión, sin duda debió de ser más pequeño en el pasado. Si extrapolamos hacia atrás en el tiempo las condiciones actuales, deberíamos llegar a una época en la que toda la materia presente en el universo se encontraba agrupada en un estado extremadamente denso. Su artículo continúa de la siguiente manera:

Podríamos concebir el principio del universo en forma de un único átomo, cuyo peso atómico es la masa total del propio universo. Este átomo altamente

inestable se dividiría en átomos cada vez más pequeños mediante un proceso superradiactivo.

Por su parte, Eddington se oponía a esta hipótesis.
Según algunos, esto se debía, entre otras cosas, a la aversión que sentía por la supuesta influencia religiosa del
presbítero Lemaître, aunque admiraba profundamente a
su alumno. Además, el propio Lemaître cierra su artículo
con una afirmación que dista mucho de ser creacionista:

> Nuestro mundo se concibe como un mundo en el
> que algo sucede en realidad; la historia completa del
> mundo no tiene por qué estar escrita desde el princi-
> pio, como si de una canción en el fonógrafo se tratase.
> Toda la materia del mundo debía de estar presente en
> el inicio, pero la historia que tiene que contar puede
> escribirse paso a paso.

La historia de la ciencia ha dado la razón a Lemaître
y ha añadido a Eddington a la larga lista de científicos
que se equivocaron y que, llegado el caso, admitieron
que equivocarse y ser corregidos por otros son elementos
esenciales del proceso científico. Lo que Lemaître propuso se convertiría durante los años posteriores en la teoría del Big Bang, que describe cómo se expandió el universo a partir de un estado inicial con una temperatura
y densidad muy elevadas. Esta teoría se funda en la relatividad general y en el principio cosmológico del que ya
hablamos, y propone que el universo que podemos ver
hoy solo tenía unos milímetros de tamaño hace unos
13.000 millones de años. Desde entonces, como observó
Hubble, se ha expandido desde aquel estado caliente y

denso hasta el vasto espacio que conocemos hoy, mucho más frío. Entre los defensores de la hipótesis del Big Bang se encontraba George Gamow, un físico ruso que escapó de las purgas estalinistas y huyó a Estados Unidos.

Como es natural, también él cometió algunos errores.

* * *

Verificando los resultados presentados por Gamow en su reciente artículo «The evolution of the Universe» (*Nature*, 30 de octubre de 1948), hemos encontrado que su expresión para la densidad de materia es objeto de los siguientes errores: [...].

Y continúa con una lista de tres errores. Así comenzaron su artículo en *Nature* Ralph Alpher y Robert Herman. Por cierto, resulta interesante mencionar que Alpher, por aquel entonces, era estudiante de doctorado en Física bajo la supervisión de Gamow. El artículo en cuestión, junto con otros publicados en aquellos años por ambos y su mentor, se centraba en proponer una respuesta a una pregunta clave, que sería crucial para declarar vencedora a una de las dos teorías, la del estado estacionario de Hoyle o el Big Bang: ¿era posible encontrar un fósil del universo que demostrara cómo era inmediatamente después del Big Bang? Dado que los fósiles revelan a los paleontólogos cómo eran y vivían las plantas y los animales prehistóricos, así como sus hábitats y evolución, hallar una especie de «fósil cósmico» podría revelar cómo ha evolucionado el universo y, sobre todo, si las galaxias situadas a miles de millones de años luz de nosotros —que utilizamos como una especie de máquina del tiempo, ya que las vemos tal y como eran hace miles de millones de años— eran o no similares a las más cercanas a la nuestra. Si la teoría del Big Bang era cierta, las condiciones del universo hace miles de millones de años deberían haber sido muy diferentes, en contraposición a la teoría del estado estacionario.

Gamow tenía una intuición: si hubo un Big Bang al principio, poco después (es decir, unos cientos de millones de años más tarde), la materia que componía el universo habría empezado a emitir radiación electromagnética de cuerpo negro. Y teniendo esto en cuenta, esa radiación emitida al inicio del universo debería seguir existiendo y ser medible, aunque con propiedades diferentes a cuando se generó. Es la «radiación cósmica de fondo» (*cosmic microwave background*, CMB), un eco del Big Bang, la primera luz del universo que, viajando hasta nosotros desde las profundidades del tiempo, nos cuenta cómo era el mundo hace 13.000 millones de años. Un fósil que mostraría lo diferente que era todo entonces y acabaría definitivamente con la teoría del estado estacionario. Gamow, junto con Alpher y Herman, estudió la teoría y estaba convencido de que esa radiación tenía que existir. Y en aquel artículo de 1948, sus colaboradores predijeron con detalle cómo sería ahora. Pero nadie la había medido todavía. Hizo falta una jaula para palomas y una buena dosis de suerte.

* * *

Hace algunas páginas dejamos a Robert Wilson y Arno Penzias en los laboratorios Bell de Nueva Jersey, ocupados en convertir un potente radiotelescopio diseñado para las comunicaciones en un instrumento para investigar el espacio profundo. No es una tarea fácil, pues vivimos, literalmente, inmersos en un mar de ondas electromagnéticas que —aparte de las que corresponden a la luz visible— no somos capaces de ver. Pero están ahí, y especialmente en las frecuencias de ondas de radio constituyen un trasfondo que no facilita la extracción de una señal concreta. Los más mayores recordarán, por ejemplo, cuántas emisoras de radio emitían antes en frecuencia modulada y lo difícil que resultaba a veces seleccionar con el mando el canal que nos interesaba. Todavía hoy en día podemos oír un ruido amplificado si nos acercamos a un micrófono con un teléfono móvil en el bolsillo. En resumen, al recibir ondas de radio, filtrar todas las señales que no nos interesan es como tamizar la arena de un río en busca de unos minúsculos granos de oro: una tarea que requiere mucha paciencia.

Penzias y Wilson (recordemos que querían detectar emisiones procedentes de la Vía Láctea) se esforzaron mucho e intentaron eliminar todas las interferencias perceptibles de su receptor (la gran antena con forma de trompeta), eliminando los efectos de las transmisiones de radar y radio cercanas, y enfriando el corazón del radiotelescopio con helio líquido para suprimir cualquier ruido electrónico. Pero, a pesar de sus esfuerzos, sus mediciones se vieron alteradas por un molesto ruido de fondo; es como si pretendemos escuchar una canción con un altavoz y un amplificador de baja calidad.

El ruido que registraron era una señal uniforme en el campo de las microondas, con una longitud de onda de 7,35 centímetros, y parecía proceder de todas direcciones. Semejante disturbio habría frustrado sus esfuerzos: pensaban que estaban cometiendo algún error con su sistema de detección. Consideraron todas las causas posibles: el laboratorio estaba a unos cuarenta kilómetros de Nueva York en línea recta, una metrópolis importante en lo que a transmisiones por radio se refiere. Así que apuntaron la antena hacia Manhattan para averiguar si las interferencias procedían de allí. Tampoco tenía sentido que se tratara de una señal procedente de nuestra galaxia o de fuentes de radio extraterrestres.

Cuando tenían la moral por los suelos (los errores son buenos para la ciencia, pero cuando ocurren no son precisamente agradables), surgió un atisbo de esperanza. Se dieron cuenta de que una pareja de palomas había decidido residir en el interior de la gran estructura de la antena: ¿y si eran sus excrementos los causantes de las interferencias? Debía de ser eso. Así que había que desalojarlas. Como era difícil convencerlas por las buenas (a las palomas les da igual las necesidades de la ciencia), utilizaron una jaula trampa, la misma que ahora se exhibe en el Museo Nacional del Aire y el Espacio de Estados Unidos, y se pasaron horas retirando sus excrementos (sí, los físicos son muy versátiles). No sabemos qué les ocurrió a las palomas, pero creemos que los físicos, además de versátiles, también son delicados. Lo cierto es que, como dijo en broma su colega Ivan Kaminow, «[Penzias y Wilson] buscaban estiércol pero encontraron oro, que es exactamente lo contrario de lo que nos ocurre a la mayoría de nosotros».

El oro era precisamente esa molesta señal que intentaban eliminar: porque ese aparente ruido no se debía en absoluto a las pobres palomas, pues permaneció incluso después de desalojarlas, sino que se trataba en realidad de la primera prueba experimental de la radiación cósmica de fondo. Penzias y Wilson habían realizado la medición que validaría definitivamente la teoría del Big Bang y enterraría la teoría del estado estacionario. Estaban tamizando la arena del río para encontrar unos granos de oro, pero no se dieron cuenta de que las proporciones estaban invertidas: lo que parecía arena era, en cambio, metal precioso.

Sin embargo, Penzias y Wilson no se percataron de inmediato y empezaron a buscar explicaciones teóricas. Se pusieron en contacto con Robert Dicke, un experto en radares y radiotelescopios que trabajaba en la cercana Universidad de Princeton. Unos años antes, Dicke también había desarrollado una teoría que predecía la presencia de radiación cósmica de fondo como una reliquia del Big Bang, y cuando Penzias y Wilson le pidieron su opinión sobre esa extraña medición, acababa de terminar un instrumento que podría detectarla. Fue directamente a los laboratorios Bell y enseguida se dio cuenta de que la misteriosa señal de radio era, en efecto, la radiación cósmica de fondo, una prueba del Big Bang. Dicen que, de vuelta en Princeton, le dijo a sus colaboradores con resignación: «Se nos han adelantado». Poco después, Dicke volvió a realizar las mediciones y confirmó los resultados de Penzias y Wilson.

Los dos grupos publicaron sus resultados al mismo tiempo en *Astrophysical Journal Letters*, pero solo Penzias y Wilson —que llegaron primero— recibieron el Premio Nobel de Física en 1978 por su descubrimiento fortuito de la radiación cósmica de fondo. Desde entonces, las mediciones de este eco del Big Bang son cada vez más precisas: en 1989, la NASA puso en órbita el satélite Cosmic Background Explorer (COBE) para estudiar la radiación de fondo con gran precisión, produciendo así el primer mapa espacial detallado y caracterizando su espectro energético.

Como en el caso del viagra, los investigadores buscaban una cosa y encontraron otra mucho más significativa e importante. En cierto modo, los dos experimentos fueron erróneos, porque no alcanzaron los objetivos para los que fueron diseñados, pero los errores a veces conducen a buenos resultados. Sin duda, Wilson tenía razón al decir que «cuando un experimento sale mal, suele ser para bien».

Penzias y Wilson se encuentran junto a la antena Holmdel Horn de 15 metros donde descubrieron la descubrieron con ella radiación cósmica de fondo de microondas. [NASA]

* * *

En 3 de octubre de 2006, la Real Academia de las Ciencias de Suecia anunciaba la concesión del Premio Nobel de Física a John Mather y George Smoot por sus investigaciones experimentales sobre la radiación cósmica de fondo con el satélite COBE.

Al día siguiente, el físico Michio Kaku publicó un artículo en *Wall Street Journal* titulado «Eco del Génesis», en el que recordaba que Gamow también merecía el codiciado premio sueco. El artículo comenzaba así:

> Por desgracia, en los negocios, al igual que en el amor y quizá también en la ciencia, la vida puede ser bastante injusta. ¿Alguna vez alguien ha recibido reconocimientos por una idea que en realidad es tuya? ¿Han ridiculizado tus creencias solo para obtener el reconocimiento de los demás? Gamow ha sido uno de los principales artífices de la teoría del Big Bang, esa innovadora idea según la cual todo el universo comenzó con una explosión que generó un calor extremo... Pero ¿cómo demostrar esta idea? Él y sus estudiantes, Ralph Alpher y Robert Herman, pensaron que el Big Bang debió de generar tal calor que su radiación podría estar circulando todavía hoy en el universo. Predijeron que ese «eco del Génesis», ese resplandor residual del Big Bang, se acabaría enfriando al cabo de miles de millones de años, llenando el universo con una radiación fría de cinco grados por encima del cero absoluto. Su crucial artículo es uno de los más influyentes del siglo XX, y ha llevado a que la cosmología se convierta en una auténtica ciencia. Por desgracia, fue recibido con un silencio ensordece-

dor y rápidamente se relegó a la papelera de las ideas absurdas, especulativas e imposibles de probar.

En su artículo, recordó los dos Nobel otorgados por el estudio de la radiación cósmica de fondo, el concedido el día anterior y el de 1978:

Wilson y Penzias ganaron el Premio Nobel en 1978. [...] Pero el trabajo de Gamow y sus estudiantes fue deliberadamente ignorado. Gamow siempre fue un caballero, jamás se quejó en público, pero en cartas privadas escribió lo injusto que era que su trabajo nunca obtuviera el reconocimiento que merecía.

El artículo de Kaku concluye de la siguiente manera:

Entonces, ¿por qué el comité del Premio Nobel ignoró a Gamow? Hay quien sostenía que no se le podía tomar en serio porque era un dibujante aficionado que escribía libros infantiles (por ejemplo, la clásica serie *Mr. Tompkins in Wonderland,* la primera que enseñó a generaciones de escolares —entre los que me incluyo yo mismo— las maravillas de la física cuántica y la relatividad). Otros lo tachaban de folclórico y bromista. Una vez añadió a un artículo que escribieron él y su alumno Alpher el nombre del físico Hans Bethe sin su permiso, simplemente para poder titularlo «Alpher-Bethe-Gamow...». Es una vergüenza que Gamow y sus estudiantes nunca recibieran el Premio Nobel. Pero quizá tienen algo más importante. Los premios van y vienen. Pero el testimonio definitivo de su monumental trabajo aparece cada noche, cuando la radiación residual que predijeron inunda el cielo nocturno, extendiendo sobre todos nosotros el resplandor del mismísimo Génesis.

Nunca sabremos por qué Gamow no obtuvo el Premio Nobel. Pero tampoco ha sido el único al que dejaron al margen por despertar revuelo. Recordemos, por ejemplo, a Lise Meitner. A veces las ideas llegan demasiado pronto, cuando la comunidad científica aún no está preparada para aceptarlas, y quizá fue eso lo que le ocurrió a Gamow. Al fin y al cabo, somos seres humanos y la tentación de confiar en las costumbres y las certezas aparentes suele ser bastante grande.

* * *

Otro científico con una historia similar fue Vincenzo Tiberio. Que levante la mano quien lo conozca. Sin embargo, si alguna vez ha tenido dolor de muelas o bronquitis, casi seguro que se ha curado con algo que él descubrió, pero nunca han reconocido sus méritos, ni siquiera en su propio país. Y es que en 1895, treinta y tres años antes de Alexander Fleming, Tiberio se dio cuenta del poder de los hongos contra las bacterias, siendo el primero en descubrir la acción antibiótica de la penicilina. Pero fue Fleming quien ganó el Premio Nobel, mientras que Tiberio se quedó con una placa en su ciudad natal, Sepino, en la provincia de Campobasso, en la que reza: *Primo nella scienza, postumo nella fama* («Primero en la ciencia, póstumo en la fama»).

Seguramente solo los científicos saben lo que llevó al descubrimiento de la radiación cósmica de fondo; sin embargo, en el caso de la viagra, puede que lo que hay detrás de su hallazgo sea más conocido, a pesar de que el tema no se presta fácilmente a conversaciones banales. La verdad es que, si tenemos que pensar en un descubrimiento científico que surgió por casualidad mientras se buscaba otra cosa, nos vienen a la mente la penicilina y Fleming. De hecho, esta historia es bastante conocida.

Alexander Fleming era profesor de Bacteriología en el Hospital St. Mary de Londres. El 3 de septiembre de 1928, cuando regresó de sus vacaciones, encontró el laboratorio desordenado y empezó a reorganizarlo, colocando en su sitio las placas de Petri que contenían colonias de estafilococos, las bacterias que causan el dolor de garganta y los abscesos. Casi por casualidad, le llamó la atención algo inusual en una de las placas. Estaba moteada de colonias de bacterias, excepto una zona en la que crecían hongos, precisamente porque, durante sus vacaciones, no se había limpiado el instrumental. La zona de alrededor de los hongos estaba limpia y no presentaba colonias de bacterias, como si el hongo hubiera producido algo que inhibiera el crecimiento de las bacterias. Fleming descubrió que ese hongo, identificado como una cepa rara de *Penicillium notatum*, era capaz de matar una amplia gama de bacterias nocivas, como el estreptococo, el meningococo y el bacilo de la difteria. A continuación, confió a sus ayudantes la tarea de aislar penicilina pura del moho, un proceso difícil y poco reproducible. Fleming publicó su descubrimiento en el *British Journal of Experimental Pathology*, en junio de 1929, donde solo hacía alusión a los posibles beneficios terapéuticos de la penicilina. En aquel momento, parecía que el hallazgo tenía un valor

esencialmente académico, pero el interés por la penicilina perduró en el tiempo. Hubo que esperar hasta finales de 1939 para que comenzase en Oxford la producción
de penicilina con fines farmacéuticos, y el 12 de febrero
de 1941 un policía de cuarenta y tres años fue el primer
ser humano a quien trataron con ella.

La producción a gran escala del fármaco no era posible
en una Gran Bretaña devastada por la guerra, pero des-
pegó en Estados Unidos, y en marzo de 1944 Pfizer abrió
su primera planta comercial de penicilina en Brooklyn.
En ese año, el antibiótico se había convertido en el principal tratamiento para la sífilis entre los militares británicos y estadounidenses.

Todo esto ocurría sin dar mayor importancia a ese joven
estudiante de Medicina de Molise, Vincenzo Tiberio, que
había nacido en 1869. Para poder asistir a la Universidad
de Nápoles, se mudó con sus tíos a Arzano. El agua de
la casa procedía de un pozo de agua de lluvia situado
en el patio. Debido a la humedad de su interior, en sus
paredes se creaba moho, que lo iban retirando regularmente. Tiberio se dio cuenta de que, cada vez que limpia-
ban las paredes del pozo, todos los que bebían esa agua
enfermaban de infecciones intestinales, mientras que eso
no ocurría cuando había moho. Tiberio concluyó que el
moho era el responsable de la potabilidad del agua, y se
preguntó por qué. El joven estudiante llegó a la conclusión de que en el pozo se había producido el fenómeno
de la antibiosis, desencadenado por el moho. En la antigua Grecia ya se conocía cierta acción de los mohos contra las infecciones de las heridas, así que el médico de
Molise comenzó un estudio sistemático y, en definitiva,

como relatan Marcella Tamburello y Giovanni Villone en un interesante ensayo,

> [...] la actividad de investigación científica de Tiberio completó todo el ciclo experimental: desde la observación, pasando por la verificación de la hipótesis inicial, hasta la preparación de la sustancia antibiótica, la demostración de su efecto *in vitro*, la documentación de su eficacia *in vivo* y la propuesta de una hipótesis de mecanismo de acción mediante el estudio de los cambios en la estructura leucocitaria. Tiberio también evaluó las dosis efectivas y la duración de la eficacia antibiótica de sus extractos.

En resumen, un estudio exhaustivo que publicó tras su graduación en 1895, bajo el título «Sugli estratti di alcune muffe» («Sobre los extractos de algunos mohos»), en la revista *Annali d'igiene sperimentale*. Con una gran claridad, Tiberio escribió: «Por sus propiedades, el moho sería un fuerte obstáculo para la vida y la propagación de las bacterias patógenas». Por desgracia, la revista, por muy prestigiosa que fuera, estaba en italiano y, por tanto, la comunidad científica internacional no solía leerla. A esto se añadió la ignorancia de muchos, tanto en la ya citada Accademia dei Lincei como en las instituciones sanitarias, además del ambiente cultural de la Italia de aquella época, que estaba inmersa en la desastrosa campaña africana ordenada por el Gobierno de Crispi. Como escribe Covelli:

> No cabe duda de que el «descubrimiento» de Vincenzo Tiberio [...] resultaba demasiado futurista

para que lo tuvieran en cuenta en la época en la que se produjo: el hombre era el adecuado; el lugar, también (al menos, hasta cierto punto). Me pregunto qué habría ocurrido si el trabajo se hubiera publicado en alemán, francés o inglés, en una revista internacional de la época. Lo que no era adecuado fue el momento: los fundamentos culturales no eran lo suficientemente maduros y profundos, y la aparición de su trabajo fue demasiado fugaz como para poder seguirlo.

También hay que mencionar que, dado el estado de las ciencias biológicas a finales del siglo XIX, era poco probable que los descubrimientos de Tiberio tuvieran aplicaciones prácticas. Como hemos visto, el propio Fleming, que (re)descubrió la penicilina en 1929, no consiguió producir el fármaco a escala industrial, algo que solo se produjo a partir de 1940. Entre el descubrimiento de Tiberio y la difusión a gran escala de la penicilina se perdieron millones de vidas a causa de enfermedades infecciosas que se habrían curado fácilmente tras la aparición del antibiótico.

Pero la vida no puede hacerse de hipótesis. En el caso de Tiberio, el error no fue de la ciencia, sino de quienes la dirigían, y esto, como veremos más adelante, también es importante.

Sin embargo, de él nos queda un fragmento de una carta que le escribió a su esposa y que constituye un hermoso elogio a la investigación y al hecho de que está estrechamente vinculada a la persona que la realiza: *Chi cerca trova, lunga e difficile è la ricerca e, spesso, nella Vita única fonte è l'amore!* («Quien busca encuentra; larga y difícil es la búsqueda y, a menudo, en la vida la única fuente es el amor»).

4
Errores dulces sin consecuencias amargas: Tartas de limón y ondas electromagnéticas

No sabemos lo que pasó por la mente de Takahiko Kondo cuando el plato se le resbaló de las manos y su centro de gravedad empezó a seguir esa trayectoria parabólica determinada que lo llevaría inevitablemente a estrellarse contra la encimera de la cocina. Puede que pensara en la secuencia de imágenes de la obra *Dropping a Han Dynasty Urn*, del maestro Ai Weiwei, y en el profundo y provocador mensaje que el artista chino quería dar, pero, quizá, en momentos como ese, el arte no sea lo primero que se nos venga a la cabeza. Lo cierto es que, debido al error de quien hoy es un reconocido y admirado chef, nació un dulce que se ha convertido en un elemento distintivo de Massimo Bottura, una estrella de la gastronomía internacional. El propio Bottura lo cuenta en su libro *Vieni in Italia con me* (*Ven a Italia conmigo*):

«¡Ups! Se me ha caído la tarta de limón» es un incidente con final feliz. Cuando un pastelero se marchó sin avisar, Taka ocupó su lugar desde el día siguiente, y de su habilidad y meticulosidad nacieron muchos postres de valor incalculable. Una frenética tarde de viernes, Taka estaba preparando una tarta de limón diferente, con ingredientes del sur: láminas de limón, bergamota, alcaparras, orégano y guindilla. Dos tartas idénticas salían del mostrador cuando una de ellas resbaló de la mano de Taka y cayó sobre la encimera de la cocina. Plato y tarta se rompieron, formando un mosaico dorado. Nadie se atrevió a tocar la ruina. En ese instante, el pastel reveló su verdadera naturaleza y la tarta de limón nunca volvió a ser la misma. Desde entonces, siempre la rompemos: ese ritual nos recuerda que romper es el principio, no el final. Romper, transformar y volver a crear.

* * *

Ai Weiwei es un artista, arquitecto, cineasta y activista de derechos humanos chino. Entre sus obras más conocidas y controvertidas se encuentra la secuencia fotográfica de 1995 titulada *Dropping a Han Dynasty Urn* (*Tirando al suelo una urna de la dinastía Han*), en la que aparece dejando caer al suelo una urna ceremonial de dos mil años de antigüedad, que se estrella contra el suelo a sus pies. Esta artesanía tenía un considerable valor, no solo en el mercado, sino también simbólico y cultural. La dinastía

Han (206 a. C.-220 d. C.) se considera decisiva en la historia de la civilización china: destruir deliberadamente un preciado icono de esa época indignó a muchos, que llegaron a considerar el acto como una auténtica profanación. Ante esto, Ai Weiwei les respondió con una cita de Mao: «El presidente Mao nos dijo que solo podemos construir un mundo nuevo si destruimos el viejo». Se refería a la destrucción generalizada de antigüedades durante la Revolución Cultural de China (1966-1976) y a la idea de que, para construir una nueva sociedad, era necesario destruir el *si jiu* (los Cuatro Viejos): viejas costumbres, viejos hábitos, vieja cultura y viejas ideas. Como puede leerse en el Museo Guggenheim de Bilbao, lo que pretendía Ai al dejar caer la urna era desprenderse de las estructuras sociales y culturales que confieren valor y demostrar su actitud interrogante sobre cómo y quién crea los valores culturales.

¿Y cómo se puede condenar la destrucción de una simple urna cuando el mundo está destruyendo el ecosistema en nombre del desarrollo económico?

«Romper es el principio, no el final». Por eso, no resulta extraño que en una de las habitaciones de Casa Maria Luigia, el poliédrico hotel de lujo diseñado y gestionado por Bottura en la campiña de Módena, destaque la obra *Dropping a Han Dynasty Urn* en una de las paredes. El propio chef dijo al respecto: «Significa que hay que destruir la tradición para poder rehacerla. Reivindica una tradición crítica y no dogmática». Sin duda, esto mismo lo aplicó a la tarta de limón: un error que muchos habrían intentado borrar rápidamente para volver al refugio seguro de la certeza (la clásica tarta) se convirtió en oportunidad.

El auténtico error habría sido borrar el incidente renunciando a la visión creativa que a menudo nos imponen las situaciones inesperadas. No es fácil, porque la tradición es certeza, y abandonarla es arriesgado. Ver más allá de lo inmediato significa tener la capacidad de considerar nuevos caminos.

Esto ocurre incluso en la ciencia, y las reacciones ante un nuevo resultado (más aún si es inesperado) pueden ser muy diferentes. A veces el error no está en el resultado, sino en el hecho de no saber prever sus implicaciones. Y no siempre es culpa del protagonista.

* * *

Si sta come d'autunno sugli alberi le foglie («Como las hojas de otoño en los árboles»). Treinta y siete caracteres fueron suficientes para que Giuseppe Ungaretti describiera una de las más poderosas representaciones del destino de los soldados en guerra, a caballo entre la vida y la muerte, esperando impotentes un destino marcado a menudo por los caprichos de los más fuertes del mundo. En ocasiones, unos pocos caracteres pueden ser más eficaces que un gran discurso. La poesía y la literatura nos ofrecen ejemplos admirables, pero la física no se queda atrás. En tan solo cuatro líneas, cuarenta y un caracteres en total, contando también los signos de las fracciones (que, de otro modo, serían treinta y ocho, solo uno más que Ungaretti), los físicos escriben un hermoso fragmento del universo, y, en particular, de una magnitud física omnipresente: el campo electromagnético.

Las cuatro líneas en cuestión son las que contienen las ecuaciones de Maxwell, y su protagonista es una entidad (el campo electromagnético) que impregna todo el universo conocido y nos permite existir, vivir y también interactuar. La energía que llega a la Tierra procedente del Sol y que está en el origen de la vida es transportada por un campo electromagnético; son interacciones electromagnéticas las que la transfieren a los seres vivos, los cuales se generan y son como los vemos gracias a procesos electromagnéticos. Son los campos electromagnéticos los que transportan la luz y nos permiten leer este libro y comunicarnos a distancia: telefonía, Internet, wifi, satélites, láseres, coches eléctricos…, todo esto es electromagnetismo. Y los campos electromagnéticos —la radiación cósmica de fondo de la que hablamos en uno de los capítulos anteriores— son el testimonio de los primeros momentos de la vida del universo. Vida y muerte; pasado, presente y futuro desde las dimensiones atómicas hasta las del universo en cuarenta y un caracteres. Apreciar esas cuatro líneas requiere un poco de trabajo previo, pero su elegancia y su poder están fuera de toda duda, hasta el punto de que representan, en esencia, un puente ideal que une la mecánica clásica de Galileo y Newton con la teoría de la relatividad de Einstein. Fue precisamente la incompatibilidad de las ecuaciones de Maxwell con la física galileana la inspiración fundamental para la relatividad especial.

Los fenómenos eléctricos y magnéticos son conocidos desde la Antigüedad. En la antigua Grecia se sabía que frotando una tela con un trozo de ámbar (en griego, ἤλεκτρον, «electrón») podían atraer hilos de paja, y que las piedras presentes en la naturaleza (magnetitas) atraían el hierro. Sin embargo, no fue hasta finales del siglo XVIII cuando el científico escocés James Clerk Maxwell (nacido en 1831) sintetizó en cuatro ecuaciones que llevan su nombre (mejoradas más tarde hasta su forma actual) todo un corpus de resultados experimentales y teóricos sobre la electricidad y el magnetismo. Puede parecer obvio recordarlo, pero, cuando Maxwell publicó sus ecuaciones en 1865, no existía nada que pudiera clasificarse como tecnología moderna: automóviles, motores eléctricos, radios, teléfonos. La electricidad y el magnetismo eran curiosidades de laboratorio, ligadas a extrañas fuerzas invisibles no relacionadas entre sí y regidas por leyes físicas distintas. Sin embargo, cuando el danés Hans Christian Ørsted descubrió un vínculo entre la electricidad y el magnetismo en 1820, cada vez más científicos empezaron a explorar su correlación. A partir de los experimentos de Ørsted, el físico francés André-Marie Ampère propuso poco después una ley matemática que relacionaba un campo magnético con la corriente eléctrica que lo producía. Por su parte, Michael Faraday investigó el efecto contrario, demostrando cómo un campo magnético podía hacer que una corriente eléctrica fluyera en un alambre. Se trataba del fenómeno de la «inducción electromagnética». De hecho, el motor eléctrico y el generador eléctrico se basan en los hallazgos de Faraday. Si hoy conduce un coche eléctrico y paga su factura de la luz, también es gracias a Faraday.

Faraday, Ampère y sus contemporáneos estudiaron los vínculos entre la electricidad y el magnetismo. Sabían que debían ser fuertemente interdependientes, pero aún faltaba una síntesis, lo que hizo que entrara en escena Maxwell. Recogió las piezas del mosaico y las unió para componer la maravillosa descripción del mundo que es la teoría de los campos electromagnéticos y que se recoge en las cuatro ecuaciones que llevan su nombre, cuya formulación moderna se debe a Oliver Heaviside.

Pero Maxwell no se limitó a sintetizarlo, sino que a partir de sus ecuaciones predijo un fenómeno que décadas más tarde revolucionaría literalmente la vida en la Tierra y nuestra capacidad de interactuar entre nosotros y con la naturaleza. Maxwell se dio cuenta de que los campos electromagnéticos podían propagarse en forma de ondas. Es como si lanzáramos una piedra en un estanque; en este caso, generamos ondas que se propagan y transmiten información y energía. Pensemos en el efecto catastrófico cuando la «piedra» es un terremoto y la «ondulación» es un tsunami o lo que observamos cuando estamos frente a una ola, donde se propaga una información (estar de pie con los brazos levantados) sin que haya ningún movimiento macroscópico del medio en el que se propaga esta información (las personas). De la misma manera, también los campos electromagnéticos pueden transmitir energía y, por tanto, información en forma de ondas. Maxwell llegó a la conclusión de que las ondas viajan a una velocidad constante, que en el vacío era de unos 300.000 kilómetros por segundo, lo que corresponde exactamente a la velocidad de la luz.

En 1865, Maxwell escribió una ecuación para describir las ondas electromagnéticas y se dio cuenta de que la luz era efectivamente una onda electromagnética. Pero esa ecuación reveló que la luz no es solo visible: existe todo un espectro de ondas invisibles, y la luz que podemos ver es solo una pequeña parte de todo ese espectro. En 1888, pocos años después de la muerte de Maxwell, el físico alemán Heinrich Rudolf Hertz produjo y reveló ondas de radio electromagnéticas a una frecuencia mucho más baja que la luz visible, confirmando así la teoría de Maxwell y demostrando que existen ondas electromagnéticas invisibles.

* * *

El descubrimiento de Hertz marcó el inicio de una rápida sucesión de experimentos que condujo al hallazgo de varios tipos de ondas electromagnéticas. También, en esta ocasión, el error se encontraba a la vuelta de la esquina (o, mejor dicho, dentro de un cajón). Era marzo de 1896 y Wilhelm Conrad Röntgen acababa de descubrir que los aparatos que utilizaba para estudiar los rayos catódicos emitían un nuevo tipo de rayos invisibles, capaces de penetrar a través de un papel negro. Eran los rayos X, y pronto se hizo evidente que también penetraban en los tejidos blandos del cuerpo, lo que los convirtió en una valiosa herramienta de diagnóstico para la medicina. Henri Becquerel fue un físico francés (además de un aficionado a la fotografía) que nació en 1852 y centró sus estudios en los fenómenos de la fluorescencia y fosforescencia.

Becquerel se enteró del descubrimiento de Röntgen en enero de 1896 y empezó a buscar una conexión entre la fosforescencia y los recién descubiertos rayos X. Pensó que las sales de uranio fosforescentes que había estudiado podían absorber la luz solar y reemitirla en forma de rayos X. Para verificar esta idea, Becquerel envolvió placas fotográficas en papel negro de forma que quedaran totalmente protegidas de la luz solar. A continuación, colocó cristales de sal de uranio sobre las placas envueltas en papel y las situó fuera del laboratorio, expuestas al sol. Al retirar las placas, las reveló y vio el contorno de los cristales. Como prueba adicional, introdujo monedas y pequeñas plantillas metálicas entre los cristales y las placas fotográficas, volvió a colocarlo todo al sol y comprobó que los contornos de las monedas y las plantillas se reproducían en las placas. Esto bastó para convencerlo de que su idea era correcta: las sales de uranio fosforescentes absorbían la luz solar y emitían una radiación penetrante similar a los rayos X. Comunicó este hallazgo en la reunión de la Academia de Ciencias de Francia el 24 de febrero de 1896.

Emocionado por el descubrimiento, se dispuso a repetir los experimentos, pero durante los días siguientes el tiempo se volvió desapacible y nublado, haciendo imposible la realización de las pruebas que, según él, necesitaban el sol. A continuación, guardó los cristales de uranio y las placas fotográficas en un cajón. Cuando volvió a abrir el cajón unos días más tarde y reveló las placas, se encontró con una gran sorpresa: solo esperaba una imagen muy débil, ya que todo había quedado en la oscuridad, pero, en cambio, la imagen era sorprendentemente nítida.

El 2 de marzo, una semana después de su primer anuncio, Becquerel regresó a la Academia de Ciencias y reconoció que su hipótesis inicial era errónea: las sales de uranio emitían radiación sin ningún estímulo de luz solar. Realizó más pruebas para confirmar que la luz solar no desempeñaba ningún papel y que las sales de uranio emitían radiación de manera espontánea. Becquerel había descubierto la radiactividad, el proceso por el cual los núcleos atómicos inestables se transforman en otros núcleos, emitiendo radiación electromagnética y partículas. Poco después, otros científicos se dedicaron a estudios similares, entre ellos, Marie Skłodowska y Pierre Curie, quienes, además del uranio, identificaron otros elementos radiactivos, como el polonio y el radio. Becquerel y Curie compartieron el Premio Nobel en 1903 por sus descubrimientos sobre la radiactividad.

Ganó gracias a un error.

* * *

Las ecuaciones de Maxwell y la demostración experimental de Hertz abrieron la puerta a la tecnología moderna. En 1910 se había descubierto todo el espectro electromagnético, y las aplicaciones prácticas de las ondas electromagnéticas se sucedían una detrás de otra. Marie Skłokowska Curie aplicó la radiactividad a la radiología y presionó personalmente al Gobierno francés y a los fabricantes de automóviles para conseguir instalar en ciertas camionetas unidades móviles de diagnóstico con rayos X, con el objetivo de poder tratar mejor y más rápido a los soldados heridos en los campos de batalla.

En los mismos años en que Becquerel descubrió la radiactividad, otras ondas electromagnéticas, producidas por Guglielmo Marconi en Villa Griffone, en los Apeninos boloñeses, cruzaban una colina y transmitían una señal a más de dos kilómetros de distancia. Era el otoño de 1895, y aquellos zumbidos cortos pero constantes fueron el nacimiento de las transmisiones de radio. Tan solo cuatro años después, esos zumbidos se convirtieron en mensajes, y el 27 de marzo de 1899 Marconi conectó por primera vez Inglaterra con Francia, sin tener que recurrir a medios materiales, como cables submarinos, alambres o postes de telégrafo.

Algo fundamental para la transmisión de ondas electromagnéticas es la antena, término que Marconi adoptó para este propósito como homenaje a su padre, y que procede de la jerga marítima. Según el diccionario italiano Zingarelli, la antena es *una lunga pertica di legno che attraversa, inclinata, l'albero della nave e alla quale è agganciata la vela triangolare o latina* («un palo largo de madera que atraviesa, en ángulo, el mástil del barco y al que se une la vela triangular o latina»). Al parecer, su padre quería que aspirara a convertirse en oficial de Marina y le animó regalándole un bote. Marconi, en cambio, no siguió los deseos de su padre, pero cuando se dio cuenta de que su sistema de transmisión por radio funcionaba mejor si uno de los terminales se izaba a un mástil, la llamó *terminale antenna* («antena monopolo»).

De las estribaciones de la región italiana de Emilia a los más de ocho mil millones de contratos de telefonía móvil del mundo (sí, hay más contratos que personas, y en 2021 el número de teléfonos móviles rondaba los 15 mil millones, y sigue aumentando), las ondas electromagnéticas que Hertz descubrió han llegado muy lejos en el ámbito de las telecomunicaciones, y también en otros sectores: la medicina, el entretenimiento, el armamento, la industria, el transporte… No existe en la actualidad ningún ámbito de las ciencias aplicadas y la tecnología que no haga uso de las ondas electromagnéticas.

Las ecuaciones de Maxwell se aplican prácticamente a todas las tecnologías eléctricas, electrónicas y fotónicas modernas, pero también han sido una poderosa herramienta para ayudarnos a profundizar en nuestra comprensión del universo.

El espectro electromagnético (una especie de catálogo con una enorme variedad de ondas electromagnéticas) y el desarrollo de detectores que pueden estudiarlo nos han permitido observar el universo en todo su esplendor, incluso en su infancia. Los telescopios sensibles a distintas partes del espectro ven acontecimientos invisibles a simple vista, como la muerte explosiva de una estrella, un agujero negro, las tormentas solares o la superficie cubierta de nubes de Venus, y las ondas electromagnéticas nos permiten comunicarnos con ese bastión de la humanidad que es la sonda Voyager 1, que, tras un viaje de más de cuarenta y seis años y 24.000 millones de kilómetros, es el objeto fabricado por el hombre que más lejos se encuentra de sus creadores. Y las ecuaciones de Maxwell, junto con la afirmación establecida por el propio Maxwell de que la velocidad de la luz es una constante fundamental, fueron valiosas herramientas que permitieron a Einstein superar la relatividad galileana y elaborar su teoría de la relatividad. El modelo estándar de la física de partículas también está relacionado con Maxwell. La teoría cuántica de campos, la base del modelo estándar, tiene sus raíces en los campos de las ecuaciones de Maxwell. Y también hay un poco de Faraday y Maxwell en los intentos actuales de unificar la relatividad con la mecánica cuántica en la llamada «teoría del todo». Los dos científicos estaban convencidos de que las fuerzas fundamentales estaban de algún modo conectadas entre ellas: ¿el primer atisbo de la esperanza actual de la física de hallar un único conjunto de ecuaciones que gobiernen todas las leyes del universo?

* * *

Dicen que, tras el descubrimiento de las ondas de radio, Hertz dijo: «No creo que las ondas electromagnéticas que he descubierto tengan ninguna aplicación práctica». Cuando se le pidió que considerara la utilidad de su experimento, añadió: «No sirve para nada. Solo es un experimento que demuestra que el gran Maxwell tenía razón: hemos revelado estas misteriosas ondas electromagnéticas que no podemos ver a simple vista, pero que están ahí». Por último, cuando le preguntaron cuáles serían las aplicaciones prácticas de su importante descubrimiento, respondió: «Supongo que nada».

A veces, en la ciencia, el error no reside en la teoría o en el experimento, sino en la visión y en la capacidad de mirar más allá de lo inmediato. Una «carencia» (podemos llamarlo así) bastante comprensible, teniendo en cuenta que nadie tiene dotes adivinatorias. Por lo tanto, es difícil culpar a Hertz de este error de juicio. Imaginar WhatsApp cuando los mensajes de amor aún se enviaban por carta seguramente habría sido muy difícil. Más aún si tenemos en cuenta que, aunque solo tenía treinta años, Hertz no gozaba de buena salud. En la época en la que descubrió las ondas, sufría de dolores dentales cada vez más incapacitantes y en 1889 hizo que le extrajeran los dientes en un intento de reducir su sufrimiento.

Por desgracia, fue inútil y el dolor se extendió a la nariz y garganta, obligándolo a interrumpir sus actividades y sumiéndolo en la depresión. Murió antes de cumplir treinta y siete años a causa de una infección de la sangre incurable. En la última carta a sus padres, escribió:

> Si me sucede algo, no deberíais llorar; más bien deberíais estar un poco orgullosos y pensar que soy uno de los elegidos a vivir poco, pero, sin embargo, a vivir lo suficiente. Yo no he deseado ni elegido este destino, pero ya que me ha tocado, he de resignarme; y si hubiese podido elegir, quizá yo mismo lo hubiese escogido.

* * *

John Jameson era un abogado escocés que en 1780 decidió fundar una destilería en Dublín. La destilería llevaba su nombre, y actualmente es una de las más conocidas en el mundo del *whisky*. Su sobrina Annie se casó con un terrateniente de la región italiana de Emilia. Ambos tuvieron un hijo, Guglielmo, que quería ser científico, y lo consiguió. Y más que eso, pues ganó el Premio Nobel de Física en 1909.

Para celebrar el centenario de una de las invenciones de Guglielmo —la radiotransmisión—, Jameson produjo una serie limitada de botellas de *whisky* denominada Special Reserve Guglielmo Marconi. Si lo busca en Internet, es posible que se encuentre con algunas subastas en línea en las que la botella alcanza precios astronómicos (al menos, para mí).

Las aplicaciones de las ecuaciones de Maxwell y las ondas de radio tuvieron implicaciones que van más allá de lo que podemos imaginar. Seamos indulgentes con Hertz.

* * *

Quien no cometió errores de juicio y tenía claras las posibles aplicaciones de su descubrimiento, que se produjo por casualidad y probablemente debido a algún descuido, fue el químico ruso Constantin Fahlberg, nacido en 1850 en Tambov. El fruto de su atrevida iniciativa nos lleva de nuevo a la pastelería: en la receta de «¡Ups! Se me ha caído la tarta de limón» (que se puede encontrar en Internet) no nos sorprende que uno de los ingredientes principales sea el azúcar, el componente clave de muchas recetas para los más golosos, aunque a menudo se consume en cantidades excesivas en todo el mundo. Según las recomendaciones de la Organización Mundial de la Salud, el consumo diario de azúcares libres debe ser de unos 25 gramos, lo que corresponde a unos 9 kilos al año. En Italia (que no se encuentra entre los países de mayor consumo), su ingesta anual según la FAO es de aproximadamente 33 kg. Los refrescos, zumos, dulces y golosinas son fuentes evidentes de azúcares libres, los cuales, de hecho, también se esconden en muchos otros alimentos. En cuanto a las consecuencias negativas del abuso de azúcares libres para la salud, la opinión de los expertos es unánime y, para quienes no pueden renunciar a ellos, existen en el mercado diversos edulcorantes artificiales. El primero fue la sacarina, producida y descubierta de manera casual por Fahlberg.

Fahlberg era químico, y en 1877 tuvo la oportunidad de trabajar con el profesor Ira Remsen en la Universidad

John Hopkins de Baltimore. En una entrevista publicada el 17 de julio de 1886 en el número 36 de *Scientific American*, el propio Fahlberg relata lo sucedido:

¿Cómo he descubierto la sacarina? Pues bien, ha sido en parte por casualidad, y en parte por estudio. Llevaba trabajando mucho tiempo sobre los radicales compuestos y los productos para sustituir el alquitrán de hulla, y había hecho numerosos descubrimientos científicos que, por lo que sé, no tienen ningún valor comercial. Una tarde estaba tan ocupado en mi laboratorio que se me pasó la hora de la cena, y luego me fui a comer sin haberme lavado las manos. Me senté, corté con las manos un trozo de pan y me lo llevé a la boca. Tenía un sabor extrañamente dulce. No me paré a pensarlo, quizá se trataba de una especie de bizcocho o un dulce. Me enjuagué la boca con agua y me limpié el bigote con la servilleta cuando, para mi sorpresa, la servilleta era incluso más dulce que el pan. Entonces me quedé perplejo. Volví a levantar la copa y, por un golpe de suerte, puse los labios justo en el borde que antes había tocado con los dedos. El agua parecía sirope. Pensé que era yo la causa de ese particular y omnipresente dulzor y, en consecuencia, probé la punta de mi pulgar y descubrí que superaba a cualquier dulce que hubiera comido antes. Y entonces lo entendí. Había descubierto una sustancia que provenía del alquitrán de hulla y cuyo dulzor superaba al del azúcar. Dejé de lado la cena y regresé rápidamente al laboratorio. Allí, emocionado, probé el contenido de todos los vasos de precipitado y platos de evaporación que había sobre la mesa. Afortunadamente, ninguno contenía líquidos corrosivos o venenosos. En uno de ellos había una solución contaminada de sacarina. Trabajé con ella durante semanas y meses, hasta que determiné su composición química, las características y reacciones, así como la mejor manera de fabricarlo, científica y comercialmente. Cuando publiqué mi investigación por primera vez, algunos se rieron como si estuviera de broma; otros, más escépticos, dudaron del descubrimiento y del descubridor, y hubo incluso quienes proclamaron que el trabajo no tenía ningún valor práctico. Pero cuando el público vio la sacarina por primera vez, todo cambió. La prensa europea y americana me describía a mí y a mi azúcar de una manera que podía ser inspiradora, pero que para mí simplemente era divertida. Y entonces llegaron las cartas, hasta sesenta al día. La gente me pedía muestras de sacarina, mi autógrafo o mi opinión sobre problemas químicos; hubo personas que querían convertirse en mis socios, comprar mi descubrimiento, ser mis agentes, entrar en mi laboratorio y cosas así.

Fahlberg se había hecho famoso. Había descubierto una sustancia que tenía un poder edulcorante cientos de veces superior al del azúcar. A diferencia de Hertz, Fahlberg se dio cuenta enseguida del potencial de su descubrimiento, que, para ser sinceros, es algo mucho más humano y cercano a nuestra vida cotidiana que las ondas electromagnéticas. Entre 1884 y 1885 patentó la sacarina en Estados Unidos, Alemania, Bélgica y Francia, y puso en marcha una empresa para su producción.

Así continúa el relato de Fahlberg en su entrevista para *Scientific American*:

¿Qué he hecho? He fundado en Alemania una empresa para la producción de sacarina, con un capital de 2.000.000 de marcos. Ya están trabajando y produciendo el nuevo azúcar. Cuesta (o, mejor dicho, lo vendemos) entre 10 y 12 dólares la libra, pero estas cifras se reducirán considerablemente antes de que pase un año. Hubiera preferido empezar en este país, que es mi hogar, pero el elevado precio de la mano de obra cualificada y los altos aranceles sobre las materias primas (productos químicos finos) con los que se fabrica la sacarina nos convencieron a mí y a mis amigos para no hacerlo. Si la química aplicada sigue progresando como lo ha hecho en la última década, abriremos sucursales aquí en los próximos cinco años.

Su predicción se cumplió, y poco más tarde la producción fue descomunal especialmente durante la Primera Guerra Mundial, debido a la falta de azúcar. En los años sesenta, se empezó a utilizar como un producto para perder peso. La sacarina no se descomponía, no se enmohecía, no fermentaba y no era atacada por las bacterias, todo sin las contraindicaciones de la glucosa. Fahlberg la definió como un «éxito maravilloso», pero pronto se convirtió en objeto de preocupación para la salud, sobre todo por ser supuestamente carcinogénica. Ya a principios del siglo XX hubo controversia sobre su peligrosidad, y el Departamento de Agricultura estadounidense propuso su prohibición. Una idea que el entonces presidente, Theodore Roosevelt, quien la tomaba para adelgazar, la rechazó rotundamente, tal y como nos recuerda un artículo publicado en la página web de la American Chemical Society, que le atribuye el siguiente comentario:

«Quien diga que la sacarina es peligrosa para la salud es un idiota. El doctor Rixey me la da todos los días». Las preocupaciones también resurgieron en los años 70 cuando, tras un estudio con ratas, la Agencia de Administración de Alimentos y Medicamentos de EE. UU. (FDA) impuso una etiqueta de precaución en los productos que contenían sacarina. Estudios posteriores convencieron a la FDA en 2000 para dar marcha atrás, y eliminaron la etiqueta de advertencia.

Cartel promocional: La sacarina no tiene competencia y es insuperable para fines de elaboración de cerveza y fermentación», c. 1870-1900. [Boston Public Library]

Parece una historia donde la ciencia, los errores, la serendipia y el ingenio se dieron la mano para lograr un gran éxito. Y una vez más, una historia ensombrecida por el hecho de que la ciencia la hacen los seres humanos, con sus virtudes y sus defectos.

¿Recuerda a Ira Remsen, el profesor que acogió a Fahlberg en su laboratorio y le enseñó tantas cosas? Remsen tenía que «decirle exactamente lo que tenía que hacer» y «hablar con él [Fahlberg] de principio a fin sobre el trabajo que se desarrollaría ese día, de forma que cada paso que condujera al resultado estuviera bajo su supervisión [la de Remsen]», escriben Kauffman y Priebe en un artículo publicado en 1978 en la revista científica *Ambix*. Remsen fue coautor junto con Fahlberg de las primeras publicaciones científicas sobre el descubrimiento de la sacarina, pero este último se olvidó de él cuando llegó el momento de las aplicaciones prácticas (y de la rentabilidad económica...).

Fahlberg y su tío presentaron la patente, y Remsen nunca se lo perdonó. Sin duda, la historia sobre su descubrimiento accidental es cautivadora y divertida, pero seguramente eclipsa el intenso trabajo previo y todas las investigaciones que Fahlberg realizó a sugerencia de Remsen y en colaboración con él, y que constituyen la base para la invención de la sacarina. Lo que en realidad le molestó a Remsen no fue que Fahlberg se enriqueciera, sino el hecho de no haber sido reconocido ni recordado como uno de los dos inventores de la sacarina. Fahlberg se esforzó mucho y fue bastante emprendedor, pero la relación entre ambos puso de manifiesto por primera vez un debate entre la ciencia pura y la aplicada (y la necesidad de que la segunda elogie a la primera), un debate que más tarde caracterizaría muchos momentos de la historia del pensamiento científico.

* * *

Maxwell elaboró sus ecuaciones entre 1856 y 1865. Fue una década dorada en la que, además de alcanzar la cima del conocimiento en cuanto al electromagnetismo, también se alcanzaron algunas de las cimas principales de los Alpes. Eiger, Civetta, Pelmo, Monviso, Adamello, Cristallo... son algunas de las cumbres que lograron conquistarse en aquellos años. Fue una década que termina con la primera ascensión al Cervino en el año 1865. Entre los alpinistas que participaron en la primera ascensión al Cervino se encontraba el irlandés John Tyndall, que no solo era un excelente alpinista, sino también un científico de gran talento. Gracias a su pasión por la montaña, se interesó por las glaciaciones y abordó el problema de la desaparición de los glaciares que habían cubierto el norte de Europa varios miles de años antes. En el transcurso de sus estudios, Tyndall demostró experimentalmente en 1859 que ciertos gases de la atmósfera, como el vapor de agua y el CO_2, podían atrapar parte de la energía procedente del Sol y liberada por la Tierra, sentando así las bases de la explicación moderna del efecto invernadero. Entre los científicos que contribuyeron en aquella época al estudio del papel de la atmósfera y los gases invernadero en el control de la temperatura de la Tierra se encontraba Svante Arrhenius, ganador del Premio Nobel de Química en 1903, y quien podría haber acompañado a Hertz en cuanto a predicciones erróneas se refiere.

Al igual que el investigador alemán, desde un punto de vista científico, hizo todo correctamente. Hacia finales del siglo XIX, él y Tyndall fueron de los primeros en estudiar el efecto del dióxido de carbono en el clima terrestre. En un artículo pionero de 1896, indicó la existencia de una relación directa entre la concentración de CO_2 en la atmósfera y la temperatura de nuestro planeta. No se limitó a exponer afirmaciones sin más, sino que llevó a cabo cálculos muy detallados. Formuló la hipótesis de que, si la concentración de CO_2 se reducía a la mitad, la temperatura media de Europa podría bajar unos cinco grados, lo que llevaría al Viejo Continente a una nueva era glacial. Sin embargo, para Arrhenius, el riesgo de este cataclismo era remoto, ya que, con la llegada de la revolución industrial, el uso del carbón como combustible crecía muy rápidamente y, por tanto, la concentración de CO_2 también aumentaba con él. Hasta aquí, todo bien, pero la metedura de pata llegó cuando en su libro de 1908, *Worlds in the Making* (*Mundos en ciernes*), planteó una hipótesis sobre escenarios futuros. De hecho, Arrhenius destacó un aspecto positivo de toda esta quema de preciosas reservas naturales:

A menudo oímos lamentos de que el carbón almacenado en la tierra es malgastado por la generación actual sin pensar en el futuro [...]. Podemos encontrar una especie de consuelo si pensamos que en este, como en cualquier otro caso, el bien se mezcla con el mal. Por la influencia del creciente porcentaje de ácido carbónico en la atmósfera, podemos esperar disfrutar de épocas con climas más ecuánimes y mejores, especialmente en las regiones más frías de la Tierra, y épocas en las que la Tierra producirá cosechas mucho más abundantes que en la actualidad, en beneficio de la humanidad que se propaga rápidamente.

Por desgracia, creo que la humanidad se lo ha tomado demasiado al pie de la letra.

* * *

A medida que se acercaba el momento de la explosión, Oppenheimer quiso subir a lo alto de la torre de acero de 30 metros de altura en la que estaba colocada la bomba de prueba Trinity. Estaba ansioso por probarla, y quería asegurarse de que la bomba estaba lista para explotar. Tras comprobar que todo iba bien, descendió y regresó al campamento base, a varios kilómetros de distancia. Como cuenta Lansing Lamont en su libro *Day of Trinity* (1985), allí entabló conversación con Cyril Smith, un experto en metalurgia. En medio de la charla, relató Lamont, Oppenheimer se detuvo y miró la empinada ladera de Sierra Oscura, que empezaba a ocultarse, justo al este del lugar de la prueba. «Es curioso —pensó— cómo las montañas siempre inspiran nuestro trabajo».

Esta cita de Oppenheimer es una de las menos conocidas, pero no por ello su significado es menos importante. Mark Fiege le dedicó un interesante ensayo titulado «The Atomic Scientists, the Sense of Wonder, and the Bomb» («Los científicos atómicos, la sensación de asombro y la bomba»), publicado en 2007 en la revista *Environmental History*, en el que analiza la relación de los científicos del proyecto Manhattan con la naturaleza, su curiosidad y emociones por el paisaje, la flora y la fauna que rodeaban Los Álamos, y hasta qué punto esta fascinación pudo haber influido en su trabajo.

Oppenheimer (con un sombrero claro), el general Leslie Groves (a la izquierda de Oppenheimer) y otros en la zona cero del ensayo Trinity . [United States Army Signal Corps]

Pocos días después de la prueba Trinity, se detonaron otras dos bombas, pero esta vez no fue en el remoto desierto de Nuevo México, sino en las pobladas ciudades de Hiroshima y Nagasaki. Desde un punto de vista meramente técnico, el proyecto Manhattan fue todo un éxito; una concentración de científicos sin precedentes desarrolló en un tiempo récord una bomba basada en lo que entonces constituían las últimas fronteras de la física, resolviendo así un gran número de problemas científicos.

Hoy, ochenta años después, no resulta fácil preguntarse si aquellos científicos pensaron en las consecuencias de su trabajo.

La Segunda Guerra Mundial asolaba el mundo, terribles dictaduras amenazaban la libertad y se estaba produciendo el genocidio de los judíos. Recordemos que Albert Einstein, en su carta del 2 de agosto de 1939 dirigida al presidente Roosevelt, inició el programa que desembocó en las bombas atómicas estadounidenses y en el proyecto Manhattan, y le advirtió del riesgo de que la Alemania nazi estuviera trabajando para producir un artefacto que explotaría las reacciones nucleares en cadena del uranio. Sin embargo, el propio Einstein admitió en una entrevista a *Newsweek* en 1947 que, «si hubiera sabido que los alemanes no conseguirían desarrollar la bomba atómica, no hubiera hecho nada».

El 17 de julio de 1945 unos setenta científicos del proyecto Manhattan, encabezados por el físico Leo Szilárd, escribieron una petición al presidente Truman en la que afirmaban que el propósito original del proyecto Manhattan era defender a Estados Unidos de un posible ataque nuclear por parte de Alemania, pero que, con la rendición nazi, esta amenaza había desaparecido. Por eso exigieron a Truman «moderación», recordando lo siguiente:

> Si, después de esta guerra, surge en el mundo una situación que permita a las potencias rivales poseer sin control estos nuevos medios de destrucción, las ciudades de los Estados Unidos, así como las ciudades de otras naciones, estarán en constante peligro de aniquilación repentina.

Y solicitaban:

> En primer lugar, que usted ejerza su poder como comandante supremo para decidir que los Estados Unidos no recurrirán al uso de bombas atómicas en esta guerra, a menos que los términos de la rendición que se impondrán a Japón se hayan hecho públicos en detalle y Japón, conociendo dichos términos, se haya negado a rendirse; en segundo lugar, que, en el caso de que se plantee la cuestión de si se deben o no utilizar las bombas atómicas, sea usted quien lo decida, teniendo en cuenta las consideraciones presentes en esta petición y todas las demás responsabilidades morales derivadas de su uso.

Básicamente decían que, si había que utilizarla, al menos que se hiciera con fines demostrativos y no sobre objetivos civiles.

Szilárd y muchos otros (seguramente muchos de los que no lo expresaron públicamente) se preguntaban qué pasaría después de sus descubrimientos. No siempre hay una única respuesta. A veces es demasiado fácil imaginarlo, o demasiado complejo. Pero siempre resulta fundamental plantearse la pregunta. Los grandes proyectos científicos —los dedicados a la energía o la medicina— siempre tendrán importantes repercusiones para la humanidad, y hoy, más que nunca, es indispensable que un fuerte pensamiento ético y la investigación vayan de la mano.

5
Para una hélice adicional: ADN, neutrinos y neutrones, y los errores que surgen (también) por las prisas

«Fue por culpa de un acento
que un tipo de San Marino
caminó y caminó
sin encontrar el camino».
(Gianni Rodari, *El libro de los errores*)

Si el carpintero que le está instalando la cocina se da cuenta de que ha hecho la encimera más corta de lo que debería (unas veinte partes por millón), no pasa nada. Por ejemplo, en vez de medir cuatro metros, será ochenta micras más corta, el grosor de un pelo. Si el sastre le hace una chaqueta más larga de lo necesario (unas veinte partes por millón), seguramente no quedará tan mal delante de sus amigos. Y si ha pasado frente al radar viajando a una velocidad ligeramente superior a la permitida (unas veinte partes más por millón), tenga por seguro que no le multarán. Sin embargo, cuando el experimento Opera reveló que el viaje de los neutrinos que salieron del CERN en Ginebra terminó en Gran Sasso unas sesenta milmillonésimas de segundo antes de lo previsto, después de haber recorrido 730 kilómetros, los físicos de todo el mundo se quedaron horrorizados. Esas sesenta milmillonésimas de segundo (una nimiedad a escala microscópica) significaban que los neutrinos (escurridizas partículas subatómicas de masa muy pequeña y muy difíciles de detectar, pero cuyo estudio proporciona información crucial en ámbitos fundamentales de la física) viajaban por encima del límite. En este caso, no violaban el Código de Circulación, sino uno de los pilares de la física, la teoría de la relatividad especial, ya que el límite en cuestión era precisamente la velocidad de la luz. Con todos mis respetos hacia el Código de Circulación (siempre hay que respetarlo), la infracción era mucho más grave, porque habría contradicho directamente la teoría de la relatividad de Einstein, que prohíbe que la materia o la información se transmita a velocidades superiores a la de la luz. De haberse confirmado el resultado experimental, habría supuesto una enorme revolución en el conocimiento científico. En fin, son cosas que ponen los vellos de punta.

Cuando los físicos obtuvieron las mediciones, la primera reacción fue de extrema sorpresa, pero también de gran prudencia, que también quedó expresada en el comunicado de prensa del Istituto Nazionale di Fisica Nucleare (INFN) el 23 de septiembre de 2011, que anunciaba los resultados:

El resultado de Opera se basa en la observación de más de 15.000 eventos registrados por el detector de los laboratorios del INFN y parece indicar que los neutrinos viajan a una velocidad de veinte partes por millón por encima de la velocidad de la luz, el límite de la velocidad en el cosmos. Teniendo en cuenta las extraordinarias consecuencias de estos datos, es necesario realizar mediciones independientes antes de poder rechazar o aceptar definitivamente este resultado. Por este motivo, el equipo de Opera decidió someter los resultados a un análisis más amplio entre la comunidad científica. El estudio de colaboración está disponible en formato preimpreso en arxiv. org [uno de los archivos principales y autorizados que contiene borradores de publicaciones de artículos científicos enviados a revistas especializadas].

Ni siquiera el artículo científico se dejó llevar por un entusiasmo fácil, y solo hacía referencia a una «anomalía», negando explícitamente «cualquier interpretación teórica o fenomenológica de los resultados». En la práctica, los físicos de Opera se limitaron a documentar las mediciones, recogidas lo mejor que pudieron. Precisamente porque eran conscientes de sus implicaciones, no las comentaron, sino que las ofrecieron a la comunidad científica para un análisis en profundidad, para recurrir a una especie de *legal-thriller*, algo así como un contrainterrogatorio.

En cuanto el anuncio oficial se hizo público, no solo se produjo un enorme interés en la comunidad científica, sino que también se desencadenó una auténtica tormenta mediática. Si el 10 de noviembre de 1919, inmediatamente después del anuncio de las mediciones realizadas por Arthur Stanley Eddington durante un eclipse total que confirmaban la teoría de la relatividad general, el *New York Times* publicaba el titular «Luces torcidas en el cielo... La teoría de Einstein triunfa», en otoño de 2011, tras el comunicado de prensa del INFN, las reacciones de la comunidad científica fueron muy diferentes. Una semana después del anuncio, se habían publicado en la página web arxiv.org cuarenta artículos que citaban los resultados de Opera, una cifra que ascendió a ciento ochenta en los tres meses siguientes. Aunque al principio hubo muchas reacciones positivas, el escepticismo fue creciendo a medida que pasaba el tiempo. Jim Al-Khalili, un conocido físico y divulgador británico, declaró que, si el resultado era cierto, se comería los calzoncillos en directo. (Adelanto de los párrafos siguientes: no tuvo que demostrar su valía).

En los primeros meses de 2012, después de que investigadores de todo el mundo realizasen comprobaciones y verificaciones de manera independiente, los mismos científicos del Opera llegaron a la conclusión de que se trataba de un error. Analizaron hasta el último detalle, y al final hallaron al culpable: uno de los cables de fibra óptica que transportaba la señal horaria desde un receptor GPS situado en la superficie hasta el laboratorio subterráneo no estaba conectado de manera adecuada. Este fallo, junto con la electrónica de temporización, resultó en una anomalía temporal casi idéntica a la reportada originalmente.

Más o menos en la misma época, otro dispositivo de los laboratorios del Gran Sasso, el experimento Icarus, midió la velocidad de los neutrinos provenientes del CERN y halló un valor totalmente coherente con la velocidad de la luz. Desvelado el misterio, Einstein podía seguir durmiendo tranquilo. De principio a fin, toda esta historia duró algo menos de nueve meses, al cabo de los cuales la física volvió al *statu quo* anterior.

La verdad es que fue un error muy enrevesado, una combinación de factores en un experimento muy complicado. Medir los tiempos con la precisión de una milmillonésima de segundo en distancias de más de setecientos kilómetros no es nada fácil, y, desde luego, el error no se debió al descuido o la despreocupación. Es cierto que no estaban afirmando que la Tierra fuera plana o que el Sol orbitara alrededor de la Tierra, pero aun así fue un error. Como dijo el físico Sergio Bertolucci en el comunicado de prensa que anunciaba la conclusión final:

> Aunque este resultado no sea tan emocionante como algunos hubieran deseado, es lo que, al fin y al cabo, se esperaba. El asunto ha capturado la imaginación del público y le ha dado la oportunidad de ver el método científico en acción: se ha dado a conocer un resultado inesperado con el objetivo de que se examine y resuelva mediante la colaboración de experimentos que normalmente compiten entre sí. Así es como se mueve la ciencia.

Por supuesto, hay quien dijo que, teniendo en cuenta el alcance de las implicaciones, podrían haber esperado para publicar los resultados hasta que hubiera una verificación independiente, pero también era comprensible la postura de quienes decían que los datos debían ponerse a disposición de la comunidad científica para que pudieran ser examinados. El periodista científico Pietro Greco escribió en vísperas del anuncio del error:

> No faltaron la ingenuidad y los pequeños errores. Sin embargo, la comunidad de físicos ha demostrado, una vez más, la gran fuerza de la ciencia, que no es la de alcanzar la certeza, sino la de actuar con prudencia en sus interpretaciones y, sobre todo, buscar el error con honestidad intelectual. Tiene una gran capacidad de autocorrección. De hecho, han sido los propios físicos del Opera los que han descubierto este pequeño asunto y hoy mismo nos darán cuenta de ello.

La ciencia funciona, y tiene todos los anticuerpos para curar sus errores y dar un nuevo impulso. Lo que ha mostrado todo este asunto es lo delicada que es la relación con los medios de comunicación y la opinión pública, una relación que no debe ni puede evitarse, pero de la que aún hay mucho que aprender, por ambas partes. El encuentro entre científicos y periodistas tiene lugar idealmente en la cima de una colina, a la que se llega por caminos cuesta arriba. Los científicos tienen que esforzarse por hacer inteligibles para la opinión pública sus hallazgos y puntos de vista, y, por tanto, simplificar su información, pero el camino de los periodistas al otro lado de la colina también requiere un esfuerzo, que consiste en trabajar para no menospreciar e informar con rigor sobre lo que se ha conseguido. Todavía queda mucho por hacer.

* * *

Dirijo mi aplauso y mis más sinceras felicitaciones a los autores de un experimento histórico. Estoy profundamente agradecida a todos los investigadores italianos que han contribuido a este acontecimiento que cambiará el aspecto de la física moderna. Superar la velocidad de la luz supone una victoria trascendental para la investigación científica en todo el mundo. Italia ha contribuido a la construcción del túnel entre el CERN y los laboratorios del Gran Sasso, a través del cual se ha desarrollado el experimento, con un presupuesto que hoy puede estimarse en unos 45 millones de euros.

La fascinación por viajar «más rápido que la luz» ha cautivado al gran público desde los primeros pasos de la teoría de la relatividad. Por eso, recordando a Clark Kent, podríamos ofrecer algo de compasión al autor del comunicado de prensa de la entonces ministra de Educación e Investigación, que, a raíz del anuncio de los científicos del Opera, utilizó un tono pretencioso y una retórica beligerante, quizá un poco menos prudente de la que usaron los científicos. Si no fuese por ese pequeño detalle de un túnel de 730 km desde Ginebra a Abruzzo que hizo sonreír al mundo (aunque no tanto al ministerio)...

Sin embargo, doce años después, el «efecto Superman» sigue sorprendiendo. El 25 de septiembre de 2023, al comentar un peligroso encuentro cercano entre aviones militares italianos y rusos, el *Secolo d'Italia* escribió en su página web:

Duelo en los cielos de Polonia entre dos F-35 de la Fuerza Aérea Italiana, dirigidos a garantizar la seguridad del espacio aéreo en los países de la OTAN, y dos cazas rusos que han sido interceptados y obligados a dar media vuelta. Un «enfrentamiento» a gran altitud y al doble de la velocidad de la luz, un *scramble* que comenzó cuando los cazas rusos habían despegado, apagado sus transpondedores (marcadores de posición), subido de altitud, superado las «autovías» por donde pasan los aviones de pasajeros y lanzado sobre las aguas internacionales del mar Báltico, a Mach dos (el doble de la velocidad del sonido).

Comparado con los cazas, Superman era una tortuga.

* * *

Exactamente un año después de la crisis de bahía de Cochinos (abril de 1961), que había conducido al mundo a un paso de la Tercera Guerra Mundial, servir como postre la *bombe caribienne* podía ser una difícil elección, sobre todo si la cena se organizaba en la Casa Blanca y el anfitrión se llamaba John Fitzgerald Kennedy. Por otro lado, este plato, una especie de semiesfera helada cubierta de glaseado y acompañada por diversos ingredientes (que le daban una apariencia de bala de cañón) era uno de los dulces preferidos de Jacqueline Bouvier, más conocida como Jackie Kennedy, que solía incluirlo en los menús de las cenas presidenciales, como la que se celebró en el número 1600 de Pennsylvania Avenue la noche del 29 de abril de 1962, en honor a los premios nobel americanos.

«Dudo —comenzó el presidente Kennedy en su discurso de bienvenida— que en la larga historia de esta residencia hayamos tenido otra ocasión con tal concentración de genios y logros como la que tenemos esta noche». Una opinión compartida por uno de los invitados a la cena, el químico y premio nobel Linus Pauling: «La más extraordinaria concentración de talentos [...] jamás reunida en la Casa Blanca, con la posible excepción de cuando Thomas Jefferson cenó solo». La ingeniosa ocurrencia era típica de él, que esa noche fue recibido por JFK con una sonrisa y las siguientes palabras: «Tengo entendido que ya lleva un par de días en la Casa Blanca». Pauling le devolvió la sonrisa mientras el presidente continuaba: «Espero que siga expresando sus convicciones».

Efectivamente, Pauling llevaba dos días en la Casa Blanca, pero no dentro, sino fuera, junto a cientos de manifestantes que protestaban por la abolición de las pruebas de bombas nucleares en la atmósfera. Las fotos de la época lo muestran con camisa y corbata, sosteniendo un cartel frente al Despacho Oval en el que rezaba: «Sr. Kennedy, Sr. Macmillan [el entonces primer ministro británico], no tenemos derecho a realizar las pruebas». Pauling era uno de los químicos más brillantes de la época y un pionero en su disciplina. En 1954 se le concedió el Premio Nobel «por sus investigaciones sobre la naturaleza del enlace químico y su aplicación a la elucidación de la estructura de sustancias complejas». En 1962 recibió un nuevo galardón, pero en esa ocasión fue por la Paz, siendo el único hasta la fecha en haber obtenido por sí solo dos Premios Nobel.

La argumentación para su Nobel de la Paz decía: «Por su lucha contra la carrera armamentística nuclear entre Oriente y Occidente», y reconocía la gran labor de Pauling por el desarme. Las bombas atómicas de Hiroshima y Nagasaki representaron un punto de inflexión para él, y tras la Segunda Guerra Mundial se convirtió en una figura destacada del movimiento contra las armas nucleares. A riesgo de comprometer su prestigio, se involucró en todos los niveles: llamamientos, relaciones con los políticos, discursos, manifestaciones... Fue uno de los primeros partidarios del movimiento Pugwash, y en 1959 contribuyó a redactar el famoso *Llamamiento de Hiroshima*, el documento final de la V Conferencia Mundial contra las Bombas Atómicas y de Hidrógeno, que se celebró precisamente en Hiroshima. Entre 1957 y 1958, su esposa y él recogieron las firmas de once mil científicos en una petición para que se pusiera fin a las pruebas con armas nucleares, que luego presentaron ante las Naciones Unidas. Esto representó un elemento importante para sensibilizar a la opinión pública sobre los riesgos de las pruebas en la atmósfera. Fue un promotor incansable del tratado de prohibición de pruebas nucleares entre Estados Unidos, la Unión Soviética y el Reino Unido (son famosas sus cartas a Kennedy). El acuerdo prohibía las pruebas de armas nucleares «o cualquier otra explosión nuclear» en la atmósfera, en el espacio y bajo el agua. Aunque el tratado no prohibía las pruebas subterráneas, sí que prohibía dichas explosiones si provocaban la presencia de «restos radiactivos fuera de los límites territoriales del país bajo cuya jurisdicción o control» se habían realizado.

Al aceptar las restricciones de las pruebas, las potencias nucleares acordaron como objetivo común «el fin de la contaminación del entorno humano por sustancias radiactivas». El tratado entró en vigor el 10 de octubre de 1963, precisamente el mismo día en que el Comité Noruego del Nobel anunció que Linus Pauling había ganado el Premio Nobel de la Paz.

El activismo de Pauling no pasó desapercibido en la América macartista, y el químico fue objeto de numerosos ataques públicos y difamaciones en los medios de comunicación, acusándolo de servir a los comunistas. El Gobierno lo tenía vigilado por el FBI e interfería en la concesión de fondos para sus actividades de investigación. Además, en 1952, el Departamento de Estado de los Estados Unidos no le concedió el pasaporte, y le impidió viajar a Londres para asistir a la conferencia de la Royal Society, un acontecimiento que contribuyó al error que probablemente le hizo perder su tercer Premio Nobel.

* * *

Acabamos de hablar de su segundo Premio Nobel. El primero de ellos, el de Química, lo obtuvo en 1954. El galardón reconocía sus importantes contribuciones a la química estructural. En la década de 1930, fue uno de los primeros en utilizar la mecánica cuántica para comprender y describir los enlaces químicos, es decir, la manera en que se unen los átomos para formar moléculas. La mecánica cuántica era una disciplina muy joven en aquella época, y Pauling se dio cuenta de su capacidad para describir sistemas no solo físicos, sino también químicos y biológicos. Fue pionero en la construcción de modelos moleculares y en el estudio de las estructuras de compuestos químicos de importancia biológica, y en 1951 publicó la estructura de la hélice alfa, un importante componente básico de muchas proteínas.

Las proteínas son moléculas grandes y complejas presentes en todos los organismos vivos. Intervienen directamente en procesos químicos que son esenciales para la vida y fundamentales para la mayoría de las actividades celulares y necesarias para la estructura, función y regulación de los tejidos y órganos del cuerpo. Una proteína está formada por una o más cadenas lineales de aminoácidos. Las proteínas se diferencian entre sí principalmente por su secuencia de aminoácidos, que viene dictada por la secuencia de nucleótidos almacenada en los genes, lo que se traduce en una estructura tridimensional específica de cada proteína, que determina su actividad.

Como vimos en el capítulo anterior, los rayos X fueron descubiertos por Röntgen en 1896. Su capacidad para penetrar en la materia los convirtió inmediatamente en una poderosa herramienta para investigar el cuerpo humano, pero no solo eso. Fue el propio Röntgen quien produjo la primera imagen radiográfica, la de una mano que, precisamente, no era la suya, sino la de Anna Bertha Ludwig, una dama suiza quien, además, era su esposa. El hecho de hacer de conejillo de indias para el nuevo descubrimiento de su marido, manteniendo la mano bajo la fuente de rayos X durante varios minutos (con toda probabilidad, sin la protección suficiente), no pareció afectar a su salud ni a la solidez del matrimonio. Ludwig siguió casada con Röntgen durante 47 años hasta su muerte (la de ella), en 1919, a la considerable edad (especialmente en aquella época) de ochenta años. Sin duda, su colaboración contribuyó a que su marido obtuviese el Nobel, y cedió a la memoria imperecedera de la historia la imagen de los huesos (y anillos) de su mano, quizá la radiografía más famosa de la medicina.

Pronto comprendieron que los rayos X serían una herramienta muy eficaz para «ver» lo invisible, incluso en el interior de la materia inanimada. Esta propiedad atrajo la atención colectiva, hasta el punto de que nuestro Superman (que parecía un auténtico laboratorio de física volador), además de ir más rápido que la luz, estaba equipado con visión de rayos X ya en la década de 1930.

También inspiró la imaginación de los físicos, en particular de William Bragg, que utilizó los rayos X para la cristalografía, una técnica de estudio de la estructura cristalina de los sólidos. Fue gracias a la cristalografía que Pauling obtuvo información esencial para entender la estructura de las proteínas.

Por otro lado, llegados a este punto, vamos a dejar por un momento a Pauling para abrir un pequeño paréntesis que trata sobre un error que, por desgracia, se descubrió un poco tarde.

* * *

¿Alguna vez se ha equivocado comprándose unos zapatos demasiado pequeños que, la primera vez que se los ha puesto fuera de la tienda, le han dolido tanto que incluso era incapaz de quitárselos? Inspirado por las primeras radiografías, alguien pensó, a principios del siglo XX, que podría solucionar cosas así. Alrededor de 1920, apareció en las zapaterías una novedad, una especie de dispositivo para probarse el calzado: el fluoroscopio. Consistía en un armario de más o menos un metro de altura, de madera y con una hendidura en la parte inferior en la que el cliente, en posición vertical, introducía los pies en los zapatos que quería probarse. Bajo la superficie sobre la que descansaban los pies había una fuente de rayos X que, tras atravesar los pies, incidían en una pantalla fluorescente situada en la parte superior del armario y donde proyectaban una imagen de los pies dentro de los zapatos. El empleado observaba la imagen en directo a través de un ojo de buey, dejando el aparato encendido el tiempo necesario para hacerse una idea de si los zapatos se ajustaban correctamente a los pies: normalmente de 5 a 45 segundos. Todo apunta a que la invención de este artilugio puede atribuirse a Jacob Lowe, un médico estadounidense que en 1920 presentó en una feria del calzado de Boston un fluoroscopio, que se basaba en un aparato que, como Marie Curie, había desarrollado durante la Primera Guerra Mundial para radiografiar las piernas de los soldados heridos en caso de emergencia sin tener que quitarles las botas.

El método funcionaba para elegir los zapatos adecuados, pero no para la salud. Una exposición a los rayos del fluoroscopio de algunas decenas de segundos podía provocar la absorción de una dosis de radiación equivalente a un centenar de radiografías modernas. Sin embargo, entre las décadas de 1920 y 1950, este instrumento se consideraba un accesorio exclusivo de las zapaterías de lujo, y se tuvo que esperar hasta 1957 para que Pensilvania (el primer estado norteamericano) prohibiera su uso. Pese a todo, al parecer, en la década de 1970, aún podía encontrarse algún que otro fluoroscopio.

Fluoroscopio «Dispositivos médicos cuestionables» del Museo de Ciencias de St. Paul, Minnesota. [S. Clyde]

Una tecnología correcta para un uso equivocado. En este caso, el error no se habría detectado inmediatamente, porque pasaron décadas antes de que se empezara a comprender el efecto nocivo sobre la salud de la exposición prolongada a radiaciones de alta energía, como son los rayos X. Hoy en día, en condiciones de extrema seguridad, el fluoroscopio se sigue utilizando en los hospitales para permitir a los ortopedas observar en tiempo real el esqueleto de los pacientes que están tratando.

* * *

Creo que podemos anticipar que el químico del futuro, interesado por la estructura de las proteínas, los ácidos nucleicos, los polisacáridos y otras sustancias complejas de alto peso molecular, llegará a depender de una nueva química estructural que implica geometrías precisas, relaciones entre átomos en las moléculas y la aplicación rigurosa de nuevos principios estructurales. Y también creo que, a través de esta técnica, se lograrán grandes avances a la hora de abordar, con métodos químicos, los problemas de la biología y la medicina.

Con estas palabras, el 11 de diciembre de 1954, Linus Pauling concluía la *lectio magistralis* que pronunció al recibir el Premio Nobel. Aprovechando los nuevos conocimientos derivados de la mecánica cuántica, desarrolló un modelo teórico de la estructura secundaria de la proteína —la llamada «hélice alfa»—, coherente con las imágenes cristalográficas. El final de su conferencia fue profético, ya que anticipaba lo que serían los grandes avances de la química y la biología en las décadas siguientes. Entre ellos, podemos citar el descubrimiento de la estructura del ADN, por el que Francis Crick y James Dewey Watson recibieron el Premio Nobel de Medicina en 1962: la famosa doble hélice, un descubrimiento trascendental que revolucionó nuestro conocimiento de la vida. Pauling estuvo muy cerca. Y si es cierto ese dicho de que por un clavo se perdió una herradura, por una hélice (extra) a Pauling se le escapó un triplete histórico.

En 1951, Pauling empezó a interesarse concretamente en el ADN. Casi al mismo tiempo, al otro lado del océano Atlántico, otros investigadores hacían lo mismo. Tres jóvenes, especialmente Crick, de 35 años, y Watson, de 23, se encontraron trabajando juntos en Cambridge, mientras que Rosalind Franklin, una investigadora francesa de 31 años y gran experta en difracción de rayos X, se unió al grupo de Maurice Wilkins en el King's College de Londres. El perfeccionamiento de la cristalografía de rayos X permitió obtener imágenes cada vez más precisas del ADN. Hacia finales de ese año, Crick y Watson idearon su primer modelo de ADN, basado en tres cadenas. Recibieron muchas críticas, y pronto se dieron cuenta de que se fundamentaban en supuestos erróneos, por lo que tuvieron que abandonarlo. Mientras tanto, Pauling, basándose en su experiencia con los modelos que lo habían llevado a describir con éxito la estructura de la hélice alfa de las proteínas, siguió de manera independiente y desarrolló un modelo propio de triple hélice. Junto con su colaborador Robert Corey, lo describió en un artículo enviado a la prestigiosa revista *Proceedings of the National Academy of Sciences* el 31 de diciembre de 1952. Curiosamente, nadie (ni Crick, ni Watson, ni tampoco Pauling) conocía la existencia de una fotografía del ADN extremadamente detallada que fue realizada por Franklin y que mostraba con claridad una estructura de doble hélice, y no de triple. Los dos primeros no podían conocerla, ya que la foto fue tomada en 1952. Pauling, por su parte, podría haberla visto, pero la política —y otras cosas— se interpuso en su camino.

Como mencionamos antes, Pauling fue víctima del macartismo, y a principios de 1952 se le denegó la renovación de su pasaporte, que lo había solicitado para viajar a Reino Unido, donde se reuniría con Franklin. A pesar de su reclamación y de la movilización de la comunidad científica internacional, pasaron meses antes de que el

Departamento de Estado revocara su decisión y permitiera finalmente que Pauling pudiera viajar el 14 de julio. Para esa fecha, ya había perdido la oportunidad de asistir a la reunión de la Royal Society y, probablemente, de ver las fotos en persona. Pero su colaborador Corey sí que lo hizo, aunque no quedó especialmente impresionado. Como ya hemos visto, los errores en la ciencia (y lo que le ocurrió a Corey lo confirma) también se producen cuando no se contemplan plenamente las implicaciones de un nuevo descubrimiento, precisamente porque altera las convenciones y creencias establecidas. Si Pauling hubiera visto esas imágenes, no habría insistido en el modelo de tres hélices. En cambio, insistió. Tenía dudas, no todo encajaba, pero aun así decidió seguir adelante con su publicación a finales de 1952. Si en la época de los neutrinos más rápidos que la luz hubiera existido Internet y arxiv.org, que permiten conocer en tiempo real el contenido de una publicación, no habrían pasado varias semanas hasta que el artículo llegó a Watson y Crick gracias al hijo de Pauling, que se encontraba en Reino Unido. Cuando leyeron el manuscrito, se quedaron estupefactos: temían que el gran Pauling hubiera revelado el misterio del ADN antes que ellos, pero, en su lugar, Pauling propuso un modelo que ellos ya habían descartado. El modelo de triple hélice de Pauling era erróneo, y —sorprendentemente— el error no estaba en realidad en los detalles, sino en una cuestión de química básica. Un error que nadie esperaba del ganador de un Premio Nobel.

A partir de entonces, el camino para los dos británicos fue en declive. El error que condenaría a Pauling les dio (a ellos y a sus jefes) un entusiasmo renovado para reanudar el estudio del ADN. A principios de 1953, Watson conoció a Wilkins, quien le mostró la famosa «fotografía 51», la imagen experimental de Franklin que sugería inequívocamente la estructura de doble hélice. Este acontecimiento avivó la polémica. Wilkins mostró la fotografía 51 sin el conocimiento de su autora, Rosalind Franklin. Esa foto fue un elemento clave para validar la teoría de Crick y Watson. Cuando publicaron su artículo «Molecular Structure of Nucleic Acids» en *Nature* el 25 de abril de 1953, que les valió el Premio Nobel, le dieron las gracias a Franklin por la fotografía, pero la historia no tuvo un final feliz. En el mismo número de *Nature*, Franklin publicó la famosa fotografía, pero apenas cinco años después murió prematuramente de cáncer.

En 1962, Crick, Watson y Wilkins compartieron el Premio Nobel. Linus Pauling no se lo tomó demasiado mal y reconoció su error. Pero incluso los más brillantes cometen errores y, al fin y al cabo, un año más tarde, su segundo Premio Nobel (el de la Paz) ayudó a animarlo. En su obra *Brilliant blunders* (*Errores geniales que cambiaron el mundo*), el astrofísico Mario Livio dedica un amplio espacio a examinar detenidamente las posibles razones del garrafal error de Pauling.

En primer lugar, explica Livio, a diferencia de lo que ocurrió con su gran hallazgo sobre las proteínas, en el caso del ADN, Pauling no disponía de imágenes de rayos X de alta calidad. Quizá podría haberlas tenido si la persecución macartista a la que se vio sometido no se hubiera interpuesto en su camino, pero, como también puntualiza Livio, Pauling visitó la capital británica y ocurrió lo siguiente:

> Tuvo la oportunidad de visitar al equipo de científicos del King's College, apenas diez semanas más tarde, durante el mes que pasó en Inglaterra en el verano de 1952, pero decidió no hacerlo. La razón es simple: estaba tan centrado en convencer al mundo científico de la corrección de su modelo de hélice alfa de las proteínas que, en aquel momento, el ácido desoxirribonucleico no era una prioridad.

A esto se le añade el tiempo relativamente corto que Pauling dedicó al ADN. Comparado con los trece años dedicados a las proteínas, Pauling cerró el capítulo del ADN en menos de dos. Livio cita a Wilkins, quien afirma: «Simplemente, Pauling no estaba comprometido con el asunto. Puede que incluso no le dedicase más de cinco minutos». Y, también según Livio, olvidó tener en cuenta experimentos que conocía bastante bien y que lo habrían disuadido a la hora de apoyar el modelo de la triple hélice. Livio concluye que, en resumen, Pauling buscó una vía rápida «porque la experiencia pasada le había enseñado que sus intuiciones estructurales acababan siendo correctas». Y prosigue el autor de *Brilliant blunders*:

> Paradójicamente, su triunfo en el caso de la hélice alfa contribuyó casi con toda seguridad a su fracaso en el de la triple hélice, empujándolo a engañarse a sí mismo al pensar que podría reproducir en el segundo caso el resultado obtenido en el primero. En este sentido, el suyo fue un caso clásico de *razonamiento induc-*

tivo [cursiva en el original]: es decir, hacer suposiciones probabilísticas basadas en la experiencia pasada.

Quizá Pauling temía que los británicos se le adelantaran, así que decidió apostar por la publicación, aunque era consciente de que aún quedaban varios puntos por aclarar. Pensó que era mejor publicar que esperar. Curiosamente, Jack Dunitz, colega de Pauling en la época del descubrimiento de la estructura de la proteína, recuerda algo que el propio Pauling le dijo:

> Jack, si crees que tienes una buena idea, publícala. No te preocupes si te equivocas. En la ciencia, los errores no hacen daño, pues hay mucha gente inteligente ahí fuera, lista para detectar el error y arreglarlo. Lo peor que puede pasar es que quedes en ridículo, pero eso no hará daño a nadie, excepto a tu orgullo. Si, por el contrario, la idea es buena y no la publicas, entonces la ciencia saldrá perdiendo.

Algo similar debieron sentir los científicos del Opera cuando decidieron publicar los resultados sobre la velocidad del neutrino. Optaron por arriesgarse para poner a disposición de la comunidad un resultado posiblemente extraordinario (como lo habría sido el de Pauling), conscientes de que sus colegas lo comprobarían (y también ellos mismos).

Dudar, saber corregir los propios errores y aprender de ellos. Esa es la póliza de seguros más importante de la ciencia.

* * *

Recordando el poema de Gianni Rodari con el que abríamos este capítulo, aquel 24 de enero de 1958 los científicos del Harwell Laboratory —el sanctasanctórum de la investigación nuclear británica de la época— no habían recorrido ni la mitad del camino, aunque estaban convencidos de ello, pero las prisas y la ingenuidad se interpusieron y convirtieron rápidamente lo que parecía un logro histórico en un fracaso épico, cuyas consecuencias, en cierto modo, todavía se están pagando a día de hoy.

La Segunda Guerra Mundial acababa de terminar, y el mundo, dividido en dos bloques, se había sumido en la pesadilla de la Guerra Fría. La pila atómica de Fermi y las bombas de Hiroshima y Nagasaki habían revelado a la humanidad el enorme potencial de la energía nuclear. El proceso utilizado por Fermi y en las bombas era la fisión, en la que un núcleo pesado —uranio o plutonio— se divide en fragmentos más ligeros, liberando así grandes cantidades de energía. Comparada con una reacción química —la que caracteriza a la combustión o a los explosivos convencionales—, una reacción nuclear libera diez millones de veces más energía. Una inmensidad.

Después de la guerra, la fisión había sido el motor de la carrera armamentística, pero también habían comenzado a utilizarla con fines pacíficos. En 1947, el presidente Truman creó la Atomic Energy Commission, con el objetivo de promover y controlar la investigación sobre la explotación pacífica de la energía nuclear. En diciembre de 1951, se puso en marcha en Estados Unidos el EBR-1, el primer reactor experimental capaz de producir electricidad. La electricidad producida por el EBR-1 solo podía alimentar cuatro bombillas de 200 W (para hacerse una idea, una central moderna puede alimentar decenas de millones de bombillas), pero en ese momento el camino estaba despejado. Fue la Unión Soviética, el 27 de junio de 1954, el primer país en construir una central eléctrica para uso civil, a la que pusieron el sugerente nombre de Atom Mirny (Átomo Pacífico). Un año más tarde, el reactor Borax-III de Idaho ya era capaz de suministrar energía a toda una ciudad. En 1962 entraron en funcionamiento las primeras centrales en Francia e Italia, la primera de las cuales fue la central Latina en 1963, que en aquel momento era la más potente de Europa.

Sin embargo, ya durante el proyecto Manhattan se planteó la posibilidad de utilizar un proceso nuclear alternativo a la fisión: la fusión. La reacción de fusión —que es la que alimenta al Sol y a las estrellas— consiste en que dos núcleos ligeros, normalmente hidrógeno o sus isótopos, se fusionan para formar un núcleo más pesado, como el helio. En dicha reacción también se libera una gran cantidad de energía, con la ventaja de que no se producen residuos radiactivos de larga duración y, para un reactor civil, los combustibles (agua y litio) están disponibles con facilidad. Para lograr la fusión, los isótopos del hidrógeno deben alcanzar temperaturas muy elevadas. En esas condiciones, el combustible adquiere un estado de plasma y puede mantenerse unido dentro de un reactor mediante un campo magnético.

En un seminario celebrado en Los Álamos en noviembre de 1945, Enrico Fermi explicó estos principios a sus colegas del proyecto Manhattan. Pero, por desgracia, la humanidad suele aprender antes a destruir que a construir: en 1952 Estados Unidos detonó la primera bomba basada en la fusión del hidrógeno en el polígono de las Islas Marshall. Al mismo tiempo, también se iniciaban las investigaciones para las aplicaciones pacíficas. En términos comparativos, realizar la aplicación civil de la fusión es mucho más difícil que fabricar una bomba de hidrógeno. Esta última utiliza como detonante una bomba de fisión cuya energía permite llevar los isótopos de hidrógeno a las condiciones de fusión, con liberación instantánea de enormes cantidades de energía. En cambio, un reactor de fusión civil, para poder funcionar, necesita que el plasma se encuentre siempre en condiciones óptimas; de lo contrario, pierde eficacia y se detiene. Por un lado, esto supone una mayor garantía de seguridad (es la naturaleza la que hace que un reactor de fusión sea seguro, no solo la inteligencia humana), pero, por otro lado, hace que la producción de electricidad con este proceso sea un objetivo muy ambicioso.

En un principio, las investigaciones acerca de la fusión, iniciadas independientemente por rusos y estadounidenses en la década de 1950, se mantuvo en secreto debido a intereses militares. Y fue precisamente en esos años cuando tuvo lugar lo que se conoce como el «gran fiasco ZETA».

* * *

El 18 de abril de 1956, un barco soviético escoltado por dos destructores atracó en el puerto británico de Portsmouth. Fue un acontecimiento histórico, ya que a bordo viajaban Nikolaj Bulganin, presidente del Consejo de Ministros de la URSS, y Nikita Chruščëv, secretario del Comité Central del Partido Comunista. Era la primera visita de dirigentes soviéticos a Occidente y se debió a la invitación del primer ministro británico. Habían transcurrido tres años desde la muerte de Stalin, y parecía que había llegado el momento de aliviar las tensiones entre los dos bloques opuestos. Esta visita marcó un primer paso hacia esa dirección: soviéticos y británicos debían decidir sobre la seguridad en Europa, las tensiones en Oriente Próximo y la expansión del comercio, además de que esperaban «llegar a un acuerdo sobre la cooperación en el uso pacífico de la energía nuclear». En 1955, con tres años de retraso respecto a los estadounidenses, los soviéticos habían detonado su primera bomba de hidrógeno, alcanzando así una igualdad sustancial, lo que los hacía más receptivos al diálogo, hasta el punto de aceptar la invitación para visitar el laboratorio de Harwell en Oxfordshire, el centro de la investigación nuclear británica.

La delegación soviética incluía a Igor Kurčatov, director del programa nuclear soviético desde 1943. Para gran asombro de los científicos británicos, Kurčatov —con el beneplácito de Bulganin y Chruščëv— pronunció una conferencia, titulada *La posibilidad de producir reacciones termonucleares en una descarga gaseosa*, en la que hizo público el interés soviético por investigar las aplicaciones pacíficas de la fusión termonuclear. A través del físico Kurčatov, la Unión Soviética informaba a Occidente que estaba llevando a cabo investigaciones sobre la fusión y, aunque no propuso explícitamente una colaboración, invitó (¿o desafió?) al bloque contrario a unirse.

La reina Isabel II, guiada por el físico jefe de AERE
Harwell, Donald Fry, visita el reactor de fusión ZETA
mientras se encuentra en construcción. [HMSO]

Como escriben Garry McCracken y Peter Stott en su
obra *Fusion: The Energy of the Universe* (2012), los físicos
británicos se dieron cuenta de que los científicos soviéticos «habían seguido líneas de investigación sobre el
confinamiento magnético muy similares a las del Reino
Unido y Estados Unidos». Como en el caso del ADN,
puede que sintieran en Harwell el aliento de los rusos
en la nuca —con el agravante de que se trataba de asuntos de enorme interés estratégico—, y esto puede haber
influido en lo que ocurrió en los meses posteriores.

Unas salas más allá de donde Kurčatov daba su conferencia, físicos e ingenieros británicos estaban terminando la construcción de un nuevo y gran experimento llamado ZETA, acrónimo de Zero Energy Thermonuclear Assembly. ZETA era un dispositivo mucho mayor que sus predecesores y se habían depositado muchas esperanzas en él. Entró en funcionamiento en julio de 1957, y los primeros resultados provocaron la sonrisa de sus creadores. Todo salió según lo previsto, y funcionó mejor que los experimentos anteriores. Poco más de un mes después del inicio de las pruebas, se produjo la explosión. Como resultado del aumento de la corriente eléctrica que circulaba por el plasma para calentarlo y del paso del hidrógeno al deuterio como combustible, ZETA comenzó a emitir una gran cantidad de neutrones. Esto conmocionó a los científicos, porque en esos experimentos la presencia de neutrones puede ser la señal del desencadenamiento del proceso de fusión, y, por muy optimistas que fueran, no esperaban que ocurriera tan pronto.

Aunque se trataba de experimentos secretos, no tardaron en filtrar información. Después de todo, estábamos en uno de los lugares de nacimiento de la libertad de prensa, y había demasiada gente implicada en el experimento como para pensar que se podría mantener en secreto. Y luego estaba la cuestión de la rivalidad con la Unión Soviética, pero también con Estados Unidos. Como relatan dos artículos, uno de la BBC y otro de la página web iter.org, comenzó una carrera de indiscreciones, incentivada, entre otras cosas, por la declaración en noviembre de un portavoz de la Autoridad para la Energía Atómica del Reino Unido, en la que sugería que «se había logrado la energía de fusión». En enero se convocó una rueda de prensa, y «casualmente» coincidió con la publicación en *Nature* de otros resultados procedentes de América.

En un primer momento, las declaraciones de los científicos (entre ellos, el nobel John Cockcroft, director de la investigación nuclear británica y responsable del programa ZETA) fueron prudentes: «Se han observado neutrones en cantidades más o menos compatibles con la presencia de reacciones termonucleares en curso». Y añadieron un detalle bastante técnico que decía mucho a los físicos, pero muy poco a los periodistas: «En ningún caso se ha demostrado con certeza que los neutrones se deben a los movimientos aleatorios de los núcleos de deuterio asociados a una temperatura del orden de cinco millones de grados». Admitámoslo, esto es incomprensible, desde un punto de vista objetivo, para los que no son expertos en la materia. Sin embargo, en la jerga científica, significaba algo muy preciso: atención, esos neutrones también podrían llegar de otros procesos, que no son esas reacciones de fusión nuclear que nos interesan desde el punto de vista energético.

Obviamente, los cuatrocientos periodistas enseguida arremetieron con preguntas del tipo: ¿realmente ha sido una fusión termonuclear, o no? ¿Había aprovechado ZETA la energía del Sol? ¿Había triunfado la física de Su Majestad la Reina sobre la del resto del mundo? Ante este aluvión de preguntas, Cockcroft, acostumbrado a tratar con la prensa, dijo que estaba «90 % seguro» de que los neutrones de ZETA procedían de reacciones de fusión. No era una certeza total, pero bastó un solo instante para que ese margen de incertidumbre se perdiera en el torbellino mediático que se desarrolló de inmediato. Al día siguiente, todos los periódicos británicos lanzaban en su portada: «¡Los hombres H británicos fabrican un sol!», «El potente ZETA», «¡Un sol propio! ¡Y está fabricado en Gran Bretaña!», «Nuestros científicos sputnikanos[9] por la paz». Estos son solo algunos titulares, que en su versión original aparecían en mayúsculas. El experimento científico se transformó en un éxito nacional. Por otro lado, como relata el historiador Jon Agar en su entrevista con Roland Pease para la BBC:

> Gran Bretaña se tambaleaba en la escena mundial. La crisis de Suez de 1956 dejó claro que Gran Bretaña ya no era una potencia mundial. Una cosa que podía hacer era celebrar los logros de la ciencia y la tecnología. ZETA fue un ejemplo; el radiotelescopio de Jodrell Bank fue otro.

La ciencia estaba dando un espectáculo, para orgullo del país, y, además, a la opinión pública mundial le llegó la noticia de que la energía ilimitada de la fusión estaba a la vuelta de la esquina.

Como en el caso de los neutrinos, las reacciones iniciales en todo el mundo fueron de admiración mezclada con sorpresa, pero, poco tiempo después, comenzaron a alzarse voces críticas provenientes del mundo científico. Físicos rusos y americanos cuestionaban el resultado, como ocurrió con los neutrinos, y estudios más detalla-

9 Neologismo creado por los periodistas ingleses, proveniente de *Sputnik the Russians*.

dos de los cálculos obtenidos en ZETA mostraron contradicciones muy graves que dejaban claro que esos neutrones se originaron a partir de procesos de fusión, pero no eran de origen termonuclear. En otras palabras, se trataba de fusión, pero no de la fusión relacionada con la alta temperatura del combustible, necesaria para que el proceso sea conveniente desde un punto de vista energético y pueda utilizarse para producir electricidad.

Lamentablemente, pocos meses después del anuncio de enero de 1958, Harwell tuvo que reconocer que se trataba de un error. El estrepitoso fiasco de ZETA supuso, por desgracia, un duro golpe para la credibilidad de la investigación sobre la fusión, cuyas repercusiones aún pueden sentirse a día de hoy, entre otras cosas, porque los científicos de la fusión han realizado imprudentes declaraciones en numerosas ocasiones. Hoy somos muy conscientes de lo difícil que es lograr la fusión termonuclear controlada, pero también de lo necesaria que es para una transición energética sostenible y justa. El mundo de la ciencia de la fusión es actualmente, en su mayor parte, muy realista y transparente, pero el error épico de ZETA y las exageradas promesas posteriores, sobre todo durante las décadas de 1980 y 1990, han hecho que la fusión se considere hoy a menudo una quimera, a pesar de los importantes progresos científicos de los últimos años. Eso nos muestra que es fundamental actuar con prudencia y que no debemos abandonar nunca el sólido camino marcado por el método científico, especialmente en asuntos de gran interés público, como la energía o la cura del cáncer. Aunque a nivel científico el error de los neutrinos del experimento Opera y el de ZETA son similares, el impacto ha sido muy diferente, porque una cosa es cuestionar una teoría científica tan fundamental como la relatividad, y otra muy distinta es prometer energía ilimitada.

Por desgracia, como estábamos diciendo, algunos en el mundo de la fusión no han aprendido del error de ZETA. Y, aunque el error es prolífico cuando se reconoce y se aprende de él, puede volverse muy peligroso cuando persiste, entre otras cosas, porque el valioso trabajo de toda una comunidad se ve ensombrecido por unos pocos.

Pero ZETA también fue un gran experimento científico. Como recuerda el artículo de la BBC News en el que cita a Bas Pease y Alan Gibson, físicos que trabajaron en ese experimento:

> Cuanto más pienso en ZETA, más lo considero un experimento pionero muy importante. Ha abierto un terreno completamente nuevo y ha sentado las bases para los experimentos que hemos seguido haciendo […]. [ZETA] fue un enorme éxito. Fue un éxito desde el punto de vista técnico. Fue la máquina predominante, sin duda en Gran Bretaña, quizá en el mundo, durante diez años. Desarrolló las técnicas que se utilizaron en los automóviles muchos años después. Pero desgraciadamente fue un desastre en el ámbito de las relaciones públicas.

Además, el asunto ZETA dejó claro que la investigación sobre la fusión estaba condenada al fracaso si se llevaba a cabo en la confidencialidad de los laboratorios nacionales. La revisión por parte de otros científicos, el intercambio de información y dudas, y un análisis común de los fallos o de los posibles aciertos habría sido fundamental, no solo para la credibilidad de la investigación sobre la fusión, sino también para su éxito.

Pocos meses después, en septiembre de 1958, se celebró en Ginebra la Segunda Conferencia del Organismo Internacional de Energía Atómica (OIEA), titulada *Peaceful Uses of Atomic Energy* (*Usos pacíficos de la energía atómica*), donde se hizo pública la investigación sobre la fusión, cuyo objetivo oficial era producir energía con fines pacíficos. Esa conferencia siguió a la primera de 1955, iniciada por el famoso discurso *Atoms for Peace* (*Átomos para la paz*), con el que el presidente Eisenhower hizo un llamamiento a la colaboración mundial en materia de energía nuclear tras la tragedia de la Segunda Guerra Mundial, y que concluía como sigue:

> Los Estados Unidos se comprometen ante ustedes y, por tanto, ante el mundo, a demostrar su determinación por ayudar a resolver el terrible dilema atómico, y dedicar todo su esfuerzo y su mente a encontrar la manera con la que la milagrosa invención del hombre pueda consagrarse no a su muerte, sino a su vida.

6
Radar, estadística y demasiados huérfanos: Los errores de arrogantes que no escuchan a la ciencia

Durante años anduve en busca de la posibilidad de llevar al espectador a que «se paseara» por dentro del cuadro, de forzarlo a que se fundiera con el cuadro olvidándose de sí mismo.

En ocasiones lo conseguía: lo veía en los observadores. Del efecto inconscientemente deseado de la pintura sobre el objeto pintado, que puede disolverse a través de la pintura, surgió mi capacidad de descuidar el objeto dentro del cuadro. Mucho más tarde, ya en Múnich, hube de quedar cautivo por el encanto de una visión inesperada. Era la hora del naciente crepúsculo. Llegaba a mi casa con mi caja de pinturas después de haber llevado a cabo un estudio, y todavía me encontraba sumido en mis sueños y absorbido por el trabajo que acababa de terminar, cuando de pronto vi un cuadro de una belleza indescriptible, impregnado de un vigoroso ardor interior. Al principio me quedé paralizado, pero enseguida me dirigí rápidamente hacia ese cuadro misterioso, en el cual solo veía formas y colores, y cuyo tema era incomprensible. Pronto encontré la clave del enigma. Era uno de mis cuadros puesto a un lado y apoyado sobre la pared. Al día siguiente traté de revivir a la luz matinal la impresión que experimentara la víspera frente al cuadro. Pero solo lo logré a medias: aun de costado, no dejé de reconocer los objetos; era que faltaba la fina luz del crepúsculo. Ahora ya estaba seguro: el objeto perjudicaba a mis cuadros.

Me enfrentaba a una aterradora profundidad de preguntas, cargadas de responsabilidad. Y la más importante: ¿qué debería reemplazar el objeto que falta? El peligro de los adornos era evidente, la existencia muerta y ficticia de las formas estilizadas no podía sino asustarme.

Tras muchos años de paciente trabajo, intensa reflexión, numerosos y minuciosos esfuerzos, y capacidad en constante evolución para experimentar las formas pictóricas de manera pura y abstracta —y para penetrar aún más en estas inconmensurables profundidades—, llegué a las formas pictóricas con las que trabajo hoy y que espero y deseo que se desarrollen mucho más. [V. Kandinsky].

¿Alguna vez ha experimentado la sensación que se tiene cuando, en un caluroso día de verano, se mete la mano en el bolsillo en busca del dinero para el aparcamiento y sus dedos palpan algo blando y acaramelado que resulta ser un chocolate que había olvidado, y que se ha derretido y manchado sus pantalones? Eso mismo es lo que sintió Percy Spencer en 1945 cuando se dio cuenta de que la barra de chocolate que llevaba en el bolsillo se había derretido. Pero hay una diferencia (en realidad, dos). La primera es que, en su caso, no fue el calor de su cuerpo ni del ambiente lo que hizo que se derritiera. La segunda es que, en lugar de maldecir el error, decidió transformar lo sucedido en una patente para uno de los electrodomésticos más extendidos, transformando así una sensación inesperada en un triunfo. Algo parecido le sucedió a Vasilij Vasil'evič Kandinskij, pintor ruso que nació en Moscú en 1866, conocido por ser uno de los pioneros de la abstracción en el arte contemporáneo. Como él mismo cuenta en el fragmento que abre este capítulo, extraído de su obra de 1982 *Complete Writings on Art* (*Mirada retrospectiva*), uno de sus cuadros colocado de lado y girado noventa grados —una especie de error con respecto a la convención— bastó para que la obra apareciera ante sus ojos bajo una luz completamente nueva, donde esos objetos materiales que hasta entonces habían sido los protagonistas de su pintura desaparecieran en favor de formas y colores puros y abstractos. Un efecto de distanciamiento, aparentemente equivocado, que muchos identifican como el nacimiento del arte abstracto.

* * *

Para cuando el chocolate se derritió en el bolsillo de Percy Spencer, la Segunda Guerra Mundial estaba llegando a su fin y, con ella, también el enorme esfuerzo bélico de las industrias que trabajaban en componentes militares. Entre ellas, se encontraban las empresas que producían piezas para radares, un dispositivo basado en microondas, que fue clave para el destino del conflicto. Las microondas de un radar eran producidas por un generador llamado «magnetrón», muy demandado durante la guerra. Una vez finalizado el conflicto, el mercado militar se redujo drásticamente y las empresas tuvieron que encontrar nuevas aplicaciones para esta tecnología.

Ilustración de una demostración de cocción por ondas de radio en la Feria Mundial de Chicago de 1933, «El siglo del progreso». [worldradiohistory]

En aquella época, se sabía que las microondas calentaban materiales aislantes, y su uso en entornos industriales y médicos era bastante común. Incluso hubo alguien que pensó en utilizarlas para calentar alimentos: en la Exposición Universal de Chicago de 1933, Westinghouse demostró que un transmisor de radio de onda corta de 10 kilovatios cocinaba filetes y patatas entre dos placas metálicas. No era precisamente un objeto fácil de utilizar, y quizá por eso no se siguió investigando con insistencia la aplicación de las ondas de radio en el ámbito gastronómico. Hasta que apareció Spenser. Spenser estaba trabajando en el laboratorio de la empresa americana Raytheon, donde se probaban magnetrones, cuando se dio cuenta de que la barra de chocolate se había derretido en su bolsillo. Como relata un apetitoso artículo publicado en *Reader's Digest* en 1958, Spencer se percató de la correlación entre el lío que se había formado en su bolsillo y el funcionamiento del magnetrón, e inmediatamente envió a alguien a comprar una mazorca de palomitas. La colocó junto al magnetrón y enseguida se cocinó sola, esparciendo palomitas por toda la habitación. En los meses siguientes patentó la idea de un horno con microondas que servía para calentar alimentos. Una de sus patentes, dicho sea de paso, se dirige a cocinar mazorcas de maíz para hacer palomitas en el microondas.

Como anécdota, el bolsillo manchado de Spencer y las palomitas de maíz que volaron por el laboratorio llevaron a la comercialización del horno microondas. En realidad, como recuerda un artículo de Evan Ackerman en la prestigiosa revista *IEEE Spectrum* —publicada por el Institute of Electrical and Electronics Engineers (IEEE), una reputada institución profesional de nivel internacional—, el camino fue más elaborado. De hecho, Ackerman cita al investigador de Raytheon John M. Osepchuk, quien en 1984 recogió sus recuerdos y los de otros colegas sobre aquel proyecto en el artículo «A History of Microwave Heating Applications»:

> Existen leyendas sobre el descubrimiento accidental de Percy Spencer de la cocina con microondas [...]. [Los colaboradores de Spencer] recuerdan el descubrimiento como un proceso gradual que implicó observaciones casuales y deliberadas por parte de muchos individuos, por ejemplo, sensaciones de calor cerca de tubos radiantes, experimentos con palomitas de maíz, etc. Sin embargo, Percy Spencer consiguió que la empresa explotara el descubrimiento, y su participación fue un aporte fundamental.

Aunque hoy en día se utilizan principalmente para cocinar de forma casi instantánea, los primeros hornos microondas comerciales introducidos por Raytheon en 1946 y bautizados con el nombre de Radarange estaban destinados a los restaurantes y a calentar la comida en los aviones. Eran aparatos muy voluminosos y caros, construidos en torno a tubos de magnetrón de 1,6 kW que debían ser refrigerados por agua. Pocos hubieran imaginado entonces que ese aparato, que aún tenía más de militar que de culinario, llegaría un día a calentar una taza de leche para el desayuno. Entre otras cosas, porque el primer horno familiar fabricado en 1955 costaba 1295 dólares, lo que equivale aproximadamente a unos 15.000 dólares actuales: no estaba al alcance de todo el mundo.

Hoy, un horno microondas puede comprarse incluso por menos de 100 dólares, y el mercado anual ronda los nueve mil millones de dólares, con casi 80 millones de unidades vendidas al año.

* * *

Ya dijimos que no hace falta insistir en la falta de imaginación de Heinrich Hertz. ¿De verdad pensamos que un señor alemán de finales del siglo XIX podría imaginar siquiera que esas ondas electromagnéticas que acababa de descubrir pudieran servir para cocinar un pollo? Por supuesto que no. Sin embargo, entre las muchas aplicaciones prácticas de las ondas electromagnéticas establecidas por Maxwell y detectadas por Hertz se encuentra la cocción de alimentos. Y si ahora mismo está pensando en una triste y solitaria cena de comida precocinada en el microondas, sepa que David Chang, chef del restaurante Momofuku Ko de Nueva York, galardonado con una estrella Michelin, ha sacudido el mundo de la alta cocina al afirmar en su pódcast que la mejor forma de cocinar langosta es con un horno microondas. Como puede imaginar, la idea ha suscitado una gran polémica, y no solo por la técnica gastronómica: muchos creen que hervir viva la langosta es una atrocidad, independientemente de si se hace en agua o con ondas electromagnéticas. Los microondas cocinan gracias al calor generado por la fricción entre las moléculas de agua de los alimentos. El campo magnético producido por el horno interactúa con las moléculas de agua y ejerce una fuerza sobre ellas. En su movimiento experimentan fricción con las moléculas vecinas, y esto provoca calor; es algo similar a lo que ocurre cuando frotamos enérgicamente la mano contra el cuerpo.

La interacción entre las ondas electromagnéticas y el agua tiene otra implicación mucho más profunda y que afecta al origen de la vida en la Tierra. Nuestra principal fuente natural de ondas electromagnéticas es el Sol. De todas las que emite, una parte es perceptible al ojo humano: es la llamada «luz visible», compuesta por un espectro de colores que van del rojo al violeta y que se nos presentan por separado; por ejemplo, en el fenómeno del arcoíris. Lo fundamental para la vida es que el agua tiene una preferencia por la luz visible. De hecho, el agua es un excelente absorbente de las radiaciones electromagnéticas: el horno microondas es un ejemplo de ello, al igual que las difíciles comunicaciones por radio con los submarinos o las piscinas en las que se almacena el combustible gastado de las centrales nucleares de fisión, ya que el agua también absorbe las radiaciones de alta energía. Este comportamiento es una maravillosa excepción. En el estrecho rango de longitudes de onda correspondiente a la luz visible —una minucia comparada con todo el espectro de ondas electromagnéticas—, el agua transmite luz.

Y esto es muy importante para los expertos: tiene implicaciones asombrosas que han hecho de la Tierra la cuna de innumerables formas de vida, porque se combina con otro fenómeno completamente independiente: de hecho, el rango visible es donde la radiación solar es máxima. En ese rango, los ojos del hombre y de los animales son sensibles, y, además, es lo que las plantas y las algas absorben durante la fotosíntesis. En frecuencias justo por encima de lo visible, la absorción de agua aumenta drásticamente, lo que nos protege de los rayos ultravioleta del Sol gracias al vapor de agua presente en la atmósfera. La transparencia del agua regula la ecología marina. Gracias a la luz, los animales marinos ven a sus presas. El Sol también es una fuente de energía fundamental para todos los fenómenos biológicos, y con la penetración de su luz se puede realizar la fotosíntesis, que produce alimentos para la fauna marina y, sobre todo, oxígeno para el planeta. Cada respiración que realizamos se debe a los océanos, ya que se calcula que, al menos, la mitad del oxígeno de la atmósfera proviene de allí, gracias a la fotosíntesis que llevan a cabo las algas y el fitoplancton. Un proceso más antiguo que la fotosíntesis de las plantas terrestres, cuyo registro fósil más antiguo data de hace unos 470 millones de años, frente a los fósiles de cianobacterias y algas de hace 3500 millones de años.

* * *

Era un día de agosto de 1952 y en la playa sarda de Villasimius los bañistas disfrutaban del sol estival. Una botella embarrada por el tiempo llamó la atención de uno de ellos, quizá porque aún parecía estar perfectamente tapada y se podía vislumbrar algo en su interior. Era un trozo de tela (más tarde, se supo que procedía de la tapa de una ametralladora), en la que se podían leer las siguientes palabras: «Regia Nave Fiume – Por favor, señores, informen a mi querida madre mientras muero por mi patria. Marinero Chirico Francesco de Futani, via Eremiti 1, Salerno. Gracias, señores - ¡Italia!». Localizaron al autor del mensaje, Francesco Chirico, y descubrieron que su nombre figuraba entre los 813 que habían perecido en el hundimiento del navío Fiume, alcanzado por los británicos durante la batalla del cabo Matapán el 28 de marzo de 1941. Durante esos once años, el Mediterráneo había custodiado la botella, haciéndola viajar desde la costa del Peloponeso hasta la isla de Cerdeña. El mensaje fue finalmente entregado a la madre del marinero y sigue siendo un trágico testimonio de una terrible batalla naval en la que perdieron la vida más de 2300 marineros italianos. Un enfrentamiento entre las flotas británica e italiana en el que las ondas electromagnéticas —las del radar— desempeñaron un papel muy importante, y que constituye el ejemplo de una cadena de errores que, en este caso, no fueron cometidos en realidad por científicos, sino por gobernantes y mandos militares.

Asimismo, gracias al radar, los buques británicos pudieron identificar la posición de los barcos italianos por la noche y atacarlos con precisión a pesar de la oscuridad. La armada italiana no lo había previsto y la batalla se convirtió en una derrota. La paradoja, sin embargo, fue que los científicos italianos habían comprendido plenamente la importancia del radar, e incluso lo habían diseñado y propuesto a los líderes militares. En este caso, el error no lo cometió la ciencia, sino quienes no quisieron escucharla.

* * *

En agosto de 1609, seguramente una época de mucha calor, era necesario subir bastantes escaleras para llegar a la logia del campanario, que tenía una altura de más de cincuenta metros.

[Y sin embargo] han sido tantísimos los caballeros y legisladores que, aun siendo viejos, han subido más de una vez las escaleras de los campanarios más altos de Venecia para vislumbrar en el mar las velas y barcos que se acercaban al puerto desde lo lejos, pasando así dos horas o más antes de que, sin mis lentes, pudieran ver algo: pues, en resumen, el efecto de este instrumento es, por ejemplo, representar ese objeto, que está a 50 millas de distancia, tan grande y cercano como si estuviera a 5.

El 29 de agosto de 1609, Galileo Galilei escribió este relato en una carta dirigida a Benedetto Landucci.

¿Por qué aquellos venecianos de pelo blanco ponían a prueba su corazón y sus articulaciones? Para probar con sus propios ojos el telescopio diseñado por Galileo Galilei, entonces profesor de la Universidad de Padua. Fue uno de los primeros que se fabricaron: en aquellos mismos meses, los prototipos del instrumento empezaron a difundirse por toda Europa. El interés de la Serenísima era principalmente militar: como explica el propio Galileo, poder ver con antelación los barcos que se acercaban a su puerto era una enorme ventaja para una potencia marítima como Venecia. Galileo fue recompensado con un salario anual de mil florines y una cátedra vitalicia.

Por otra parte, el que no tuvo tanta suerte fue Ugo Tiberio, quien, tres siglos después de Galileo, presentó a los líderes del Gobierno fascista un instrumento para observar el mar y ver los barcos incluso en la oscuridad, pero no fue tan previsor.

De nuevo, el punto de partida es Hertz y sus ondas electromagnéticas (parecería que estamos ensañándonos con él, pero no es el caso). En 1922, Guglielmo Marconi, que, como hemos visto, fue uno de los primeros en utilizar de manera práctica las ondas electromagnéticas, pronunció una conferencia en el Radio Institute of Electrical Engineers[10] de Nueva York, titulada *La radiotelegrafía*. Su discurso tenía un tono puramente técnico, pero una parte de él, vista *a posteriori*, puede ser muy significativa desde un punto de vista estratégico:

Me gustaría mencionar otra posible aplicación de estas ondas que, de tener éxito, podría ser de gran ayuda para los navegantes. Como demostró por primera vez Hertz, las ondas eléctricas pueden ser reflejadas completamente por los cuerpos conductores. En algunas de mis pruebas, había observado los efectos de la reflexión y la deflexión de dichas ondas por objetos metálicos situados a kilómetros de distancia. Creo que sería posible diseñar aparatos mediante los cuales un barco pueda irradiar o proyectar un haz divergente de estos rayos en cualquier dirección que se desee. Estos rayos, en caso de encontrar un objeto metálico, por ejemplo, un piróscafo u otra embarcación, podrían reflejarse de nuevo en un receptor, blin-

---

10   El Instituto de Ingenieros de Radio (IRE) fue una organización profesional estadounidense que existió desde 1912 hasta 1962. En 1963 se fusionó con el Instituto Americano de Ingenieros Eléctricos (AIEE), formando así el Instituto de Ingenieros Eléctricos y Electrónicos (IEEE). (N. de la t.).

dado por el transmisor local, colocado en el mismo barco donde está instalado el transmisor y luego revelar inmediatamente la presencia y rumbo del otro barco, incluso en caso de niebla o poca visibilidad. Otra gran ventaja de un aparato de este tipo sería la siguiente: sería capaz de avisar de la presencia y detección de barcos, incluso si estos no dispusieran de ningún tipo de radio.

Si Galileo dotó a la Serenísima del instrumento para vigilar a distancia, Marconi planteó la visión nocturna.

En realidad, Marconi puso sobre la mesa un problema sobre el que ya se llevaba trabajando varios años a nivel académico. El propio Tesla lo había mencionado en un artículo publicado en 1917. En 1904, el ingeniero alemán Christian Hülsmeyer obtuvo la patente de un aparato al que llamó «telemobiloscopio», un visor de movimiento a distancia, capaz de recibir el eco de las ondas electromagnéticas reflejadas por objetos metálicos situados a varios cientos de metros de distancia. En aquella época, la tecnología aún no estaba preparada para la realización de aparatos de detección. Sin embargo, en la década de 1920, la situación era diferente: la electrotecnia había evolucionado, se habían inventado las válvulas termoiónicas y Marconi era toda una celebridad. Otros científicos también empezaron a interesarse por el tema de la reflexión de las ondas magnéticas, tanto en Inglaterra como en Estados Unidos. Al principio estudiaron la reflexión en la ionosfera, fundamental para las transmisiones de radio a larga distancia, y después la de los objetos metálicos distantes. El asunto empezó a llamar la atención de algunos países importantes, que se dieron cuenta de las posibles aplicaciones militares. Los británicos, por ejemplo, apoyaron los estudios científicos y en 1935 consiguieron realizar prototipos que fueron perfeccionados más tarde. De este modo, a principios de la década de 1940, Gran Bretaña ya podía presumir de contar con una red costera de radares para avistamientos aéreos y una serie de radares instalados en los buques, tanto para vigilancia como para dirigir el fuego de los cañones.

Pero en Italia las cosas eran diferentes. Marconi trabajó incesantemente en el tema, y en 1933 realizó una demostración de radiotransmisiones para el papa, mediante la transmisión por microondas entre el Vaticano y Castel Gandolfo. En aquella ocasión, observó que la transmisión se veía perturbada cuando un objeto grande, como un vehículo, interceptaba el haz de ondas. Estas observaciones lo animaron a seguir investigando, y en 1935 llevó a cabo una serie de demostraciones que ilustraban el potencial de las ondas electromagnéticas para detectar grandes objetos metálicos con los «radioecómetros». A una de estas demostraciones (la celebrada el 14 de mayo en Acquafredda) asistió el jefe del Gobierno, Mussolini. El general Luigi Sacco se interesó por estos eventos y, atraído por ellos, involucró a la Regia Marina[11] y al ingeniero Ugo Tiberio, subteniente del Istituto Militare Superiore delle Trasmissioni. A Tiberio se le encomendó la tarea de estudiar un instrumento de avistamiento basado en ondas electromagnéticas, pero su entusiasmo se vio frenado de inmediato por los modestos recursos de

---

11   La Regia Marina fue la marina militar del Reino de Italia desde su creación en 1861 hasta 1946. (N. de la t.).

los que disponía. A pesar de esto, en 1935 Tiberio concluyó la primera fase de su trabajo con un informe en el que se exponía el problema de la radiolocalización no solo desde un punto de vista teórico, sino también con todos los cálculos necesarios para la realización práctica de un instrumento. Desgraciadamente, el documento, que era secreto, se perdió, pero en 1996 se encontró un manuscrito de Tiberio, fechado unos meses más tarde, que hacía referencia al informe de 1935 y confirmaba lo avanzado de sus investigaciones. Tiberio tenía bastante claro el principio del radar.

Como cuenta su hijo, Paolo Tiberio —profesor emérito de la Universidad de Módena y Reggio Emilia—, en un interesante artículo titulado «La invención del radar: la contribución de Ugo Tiberio de 1935 a 1943», el informe de su padre dio lugar a dos propuestas diferentes:

> La primera [...] consistía en asignar una cantidad de dinero equivalente al coste de construcción de un buque de diez mil toneladas de desplazamiento, para mejorar la electrónica de a bordo con especial atención al radiotelémetro [...]. En la práctica, se pedía una movilización nacional en materia de electrónica e ingeniería de radiofrecuencia. La segunda propuesta consistía en confiar a un grupo limitado de técnicos la tarea de dar seguimiento al problema realizando algunas pruebas preliminares, a la espera de recibir noticias sobre los avances de la investigación en otros países. En cualquier caso, se consideró que el problema era responsabilidad de la Marina, que contaba con el Instituto de Investigación en electrónica y telecomunicaciones más avanzado de Italia (Regio

Istituto Elettrotecnica e Comunicazioni, RIEC), situado cerca del mar y, por tanto, en las condiciones más adecuadas para las pruebas.

Y aquí estuvo el error, pero de juicio. En las altas esferas, no se consideró que fuera un asunto urgente.

En 1936, Tiberio fue trasladado al RIEC, donde fue nombrado oficial del Cuerpo de Armas Navales y, por tanto, designado para enseñar en la Academia Naval de Livorno. En su nuevo puesto, se le encomendó la tarea de pasar a la fase experimental del desarrollo del radiolocalizador, pero, una vez más, se le asignaron recursos humanos y financieros muy limitados, y la movilización nacional que alguien propuso no llegó a realizarse. A él, al igual que a sus colegas Carrara y Brandimarte, solo le permitían trabajar después de terminar todos sus encargos institucionales y, por tanto, en su tiempo libre. Pese a todo esto, en 1936 se puso en servicio un primer prototipo de localizador, al que le siguieron otros poco después, todos ellos probados en Livorno.

Una dificultad considerable para una eventual producción en serie residía también en la limitada capacidad de la industria italiana para fabricar válvulas de potencia. De hecho, estas se adquirían de Estados Unidos, pero el escaso entusiasmo de los líderes italianos no favoreció el desarrollo de una cadena de suministro nacional. A ello se añadió la prematura muerte en 1937 de Guglielmo Marconi. Senador, presidente del Consejo Nacional de Investigación y partidario del fascismo, Marconi era una persona al que el régimen tenía en cuenta, y quizá podría haber persuadido al Gobierno para que intensificara sus esfuerzos en el estudio de los radares.

De esta manera, la investigación continuó a pequeña escala y con el desinterés de los líderes, aunque en 1940 uno de los radiotelémetros colocado en la terraza del RIEC pudo detectar el tráfico en el puerto de Livorno, e incluso una escuadrilla de aviones de bombardeo franceses a treinta kilómetros de distancia.

En las otras naciones que iban a entrar en guerra la situación era muy diferente. Paolo Tiberio lo recuerda con precisión:

> En Inglaterra, la idea del radar tuvo una acogida muy diferente; de hecho, ya en 1935 Robert Watson-Watt fabricó el primer prototipo de radar y en 1938 comenzó la instalación de radares (Radio Detection And Ranging) en barcos y en tierra.
>
> De gran importancia en tiempos de guerra fue la Radar Chain Home, que en 1940 contaba con cincuenta estaciones antiaéreas en el sur de Inglaterra, conectadas por una red telefónica para la coordinación de la acción de los cazas (batalla de Inglaterra). Además, se lograron grandes resultados con los radares navales en el Mediterráneo y en el Atlántico. En Alemania, en 1934, el Instituto NVA de la Marina construyó el primer aparato capaz de avistar un barco a menos de un kilómetro, pero, entre éxitos, fracasos e indecisiones, en 1939 solo se disponía de nueve radares antiaéreos (Freya) y un radar naval (llamado DeTe) en el navío Graf von Spee. En Estados Unidos, a partir de 1930, el Laboratorio de Investigación Naval se centró en el estudio del radar con la colaboración de un número muy elevado de personas y una enorme financiación (entre 3000 y 4000 millones de dólares, más de lo que se invirtió para la bomba atómica). En

1941, la Armada de los Estados Unidos tenía sistemas de pulsos en todos los barcos principales, y en 1945 los Estados Unidos tenían radares navales, antiaéreos y aéreos de muy alta calidad.

Zara, Pola, Fiume, Alfieri y Carducci. Estos son los nombres de los cinco barcos de la Regia Marina que fueron hundidos por los británicos entre el 27 y el 29 de marzo de 1941, en lo que pasaría a la historia como la batalla del cabo Matapán, que se convirtió en una enorme derrota para la flota italiana. Las unidades británicas, entrenadas para el combate nocturno y equipadas con radar, atacaron a las italianas por la noche.

Cuenta la leyenda que un alto mando populista desestimó la petición de mejorar el desarrollo del radar italiano con la frase: «Desde que el mundo es mundo, las batallas navales se han librado de día, así que ¿de qué sirve este aparato?». Pero todo apunta a que, en realidad, nadie pronunció estas palabras, aunque el mensaje del marinero permanece como testimonio de una tragedia causada, de alguna manera, por no haber hecho caso a la ciencia.

* * *

Uno de los errores más frecuentes que cometen los padres es proyectar sus propias aspiraciones en sus hijos. Aunque sabemos que esto puede ser algo perjudicial, es un error que se sigue cometiendo. Afortunadamente, los niños suelen ser más sabios que nosotros, les da igual nuestras aspiraciones y siguen su naturaleza y sus deseos. Eso mismo hizo Guglielmo Marconi, que, como ya hemos mencionado, prefirió la ciencia a la carrera de oficial, al igual que hizo Ignác Fülöp Semmelweis algunos años antes que él.

Semmelweis nació en 1818 en Buda (Hungría), y era el quinto de diez hermanos. En 1837 se matriculó en Derecho en la Universidad de Viena para satisfacer los deseos de su padre, un comerciante de alimentos que se había enriquecido con su trabajo y se había casado con la hija de un rico fabricante de carruajes. A la familia Semmelweis no les faltaba el dinero, pero sus padres querían para Ignác los estudios que ellos no habían podido realizar y, a través de ellos, un prestigio familiar ligado no solo al dinero. Así, el joven Semmelweis comenzó sus estudios de Derecho, con la idea de que se le abrirían las puertas de una prestigiosa carrera de juez. Pero los códigos, las leyes y las pandectas no atraían a Ignác, así que un día se saltó las clases de Derecho y asistió con un amigo que estudiaba la carrera de Medicina a una autopsia.

En aquella época, la Facultad de Medicina de Viena estaba a la vanguardia, y la disección de cadáveres se utilizaba cada vez más como herramienta de conocimiento y enseñanza. El hecho de asistir a la primera autopsia, que para algunos estudiantes de Medicina es lo que los lleva a inclinarse por estudios menos escabrosos, para Semmelweis, en cambio, supuso toda una revelación. Al darse cuenta de que la medicina era su auténtica pasión, Semmelweis abandonó sus estudios de Derecho un año más tarde y comenzó los estudios de Hipócrates. A diferencia de Marconi, que, siguiendo su pasión, logró grandes resultados y un gran reconocimiento (ganó el Premio Nobel), el valor de liberarse de los condicionamientos familiares condujo a Semmelweis a un descubrimiento por el que la propia medicina y todos nosotros estamos en deuda, y no precisamente por el reconocimiento del que pudo disfrutar. Al contrario, su anécdota humana pone de manifiesto dos caras contradictorias de la ciencia. Por un lado, su fuerza, al obtener resultados maravillosos cuando la genialidad de quien lo hace se conjuga con la aplicación escrupulosa del método científico. Por otro lado, su fragilidad, cuando el miedo a lo nuevo prevalece sobre el método y se atrinchera tras certezas aparentes que solo se basan en la tradición, pero se contradicen por los hechos. La intuición de Semmelweis se adelantó a su tiempo y fue inmensamente importante para el desarrollo de la medicina moderna. Pero la oposición que encontró es una página infame de la ciencia médica.

William Sinclair, profesor de Obstetricia y Ginecología de la Universidad de Mánchester, y primer biógrafo de Semmelweis, escribió en 1909:

> En toda la historia de la medicina solo encontramos pruebas claras de dos descubrimientos de máxima importancia que producen a la humanidad un beneficio directo e inmediato, salvando vidas y evitando sufrimientos. Estos fueron los descubrimientos de Edward Jenner y de Ignác Philipp Semmelweis.

Jenner contribuyó en gran medida al desarrollo de la vacuna contra la viruela. Por su parte, Semmelweis se dio cuenta de que un gesto muy sencillo podía salvar muchísimas vidas.

* * *

Puertas cerradas, decepciones, cosas que no salen como nos gustaría. Fracasos aparentes, a veces causados, entre otras cosas, por equivocaciones, pero que, sin embargo, a menudo también abren nuevas e inesperadas oportunidades. Cuando Semmelweis se graduó en Medicina y Cirugía en 1845, su deseo era especializarse como anatomopatólogo en la clínica de su mentor, Jacob Kolletschka, o, como alternativa, bajo la supervisión de Josef Škoda. Este último, además de ser el tío de Emil, también era ingeniero y fundador de la empresa conocida actualmente por la fabricación de vehículos, y pasó a la historia por ser uno de los pioneros de la auscultación y percusión de la caja torácica como medio de diagnóstico de diversas patologías, una práctica habitual en la medicina actual, pero casi desconocida y poco practicada en aquella época.

Para su decepción, Semmelweis recibió la negativa de ambos, por lo que decidió especializarse en obstetricia y ginecología. Al parecer, era otra alternativa. En aquella época existía una gran reticencia a someterse a exámenes ginecológicos, y un gran número de partos tenían lugar en casa. Pero Ignác no se desanimó, y dos años más tarde, en 1844, ejerció como primer ayudante en el primer Hospital Materno de Viena. La asistencia en el hospital era gratuita, y existían dos clínicas de maternidad. Tal y como escribió el propio Semmelweis, un decreto imperial establecía que a todos los estudiantes varones que se convertirían en médicos se les asignaría la primera clínica, mientras que a las estudiantes que iban a seguir el itinerario de comadronas se les asignaría la segunda clínica. Las pacientes eran destinadas a ambas clínicas en días alternos: desde las 16 horas del lunes a las 16 horas del martes iban a la primera; después, hasta las 16 horas del miércoles, a la segunda, y así sucesivamente. Es decir, no había ninguna organización establecida para el ingreso en una u otra clínica, simplemente se basaban en el día de entrada al hospital, una cuestión meramente aleatoria.

En aquella época, la tasa de mortalidad debida al parto era muy alta, casi siempre a causa de lo que se llamaba «fiebre puerperal» o «fiebre del parto». Hoy sabemos que se trata de una infección, local o general, que se desarrolla debido a la entrada de gérmenes patógenos en el torrente sanguíneo en el momento de la expulsión del feto o durante el parto. En ausencia de antibióticos, esto conducía con frecuencia a la muerte. Desde el principio, para Semmelweis fue muy importante el destino de las mujeres que daban a luz. Como cuenta Nicholas Kadar en un artículo para la revista *American Journal of Obstetrics and Gynecology*, Lajos Markusovszky, un buen amigo de Semmelweis, dijo:

> Tuve la oportunidad de verle, tanto en el hospital como en casa: su inquietud vigilante; su deseo de examinar a las personas y las condiciones; sus indiscretos ojos, que buscaban penetrar en la enfermedad mortal; su entusiasmo por descubrir su causa.

Semmelweis tuvo en cuenta todas las causas posibles a partir de una observación estadística conocida, y que le afectaba profundamente: la mortalidad por fiebre puerperal en la primera clínica era casi tres veces mayor que en la segunda. De media, 98,4 madres fallecían en la primera clínica por cada mil nacimientos frente a 36,2 en la segunda. Excluyó que se tratara de una epidemia en la ciudad: en ese caso, no habría razón para la diferencia entre ambas clínicas, y más aún si se tenían en cuenta las madres que daban a luz de camino al hospital, que rara vez contraían la fiebre. Por esta misma razón, también descartó influencias estacionales o atmosféricas, llegando incluso a elaborar estadísticas mensuales. Consideró muchas otras causas, como las relaciones con los periodos de masificación de las clínicas, la posición de la mujer durante el parto e incluso razones psicológicas. Cuando una mujer estaba a punto de morir, el capellán del hospital iba a darle la extremaunción haciendo sonar una campanilla, y pasaba por las salas donde se encontraban las pacientes. Algunos pensaban que esto les asustaba hasta el punto de que sus defensas bajaban y eso favorecía la aparición de la fiebre. Semmelweis pidió al sacerdote que dejara de tocar la campana, pero esto tampoco surtió efecto.

Desesperado, se tomó un descanso para reflexionar e hizo un viaje a Venecia. De vuelta a Viena, lo llamaron de la clínica para que acudiera como primer ayudante.

Mientras tanto, su mentor, Jacob Kolletschka, había fallecido a causa de un accidente durante una autopsia, cuando uno de sus alumnos le hizo un pequeño corte. La herida no parecía ser importante, pero a los pocos días se agravó y murió en el mismo hospital donde trabajaba. Como cuenta Kadar en su artículo, Semmelweis estudió el informe de la autopsia de Kolletschka y se dio cuenta de que las lesiones internas o la afección de los órganos internos eran similares a las encontradas en los cadáveres de las mujeres que morían de fiebre puerperal, con la excepción de la zona genital. También observó algo parecido en los bebés que fallecían tras nacer y cuyas madres casi siempre habían contraído la fiebre. Semmelweis escribió: «Las autopsias de los recién nacidos han revelado resultados idénticos a los obtenidos en las autopsias de las pacientes que murieron de fiebre puerperal», lo que lo llevó a concluir que tanto los bebés como las mujeres habían muerto de la misma enfermedad.

Semmelweis se dio cuenta entonces de que esa enfermedad también había provocado la muerte de Kolletschka: la misma enfermedad y, por tanto, la misma causa desconocida. En el caso de su mentor, el punto de partida estaba claro. Semmelweis había identificado lo que en la jerga detectivesca se conoce como *the smoking gun* (o lo que es lo mismo: «pistola humeante»), esto es, la «prueba irrefutable». Kolletschka se había hecho una herida durante la autopsia, y esta se había contaminado de lo que denominó «partículas cadavéricas», residuos a menudo en proceso de descomposición provenientes del cuerpo al que se le practicaba la autopsia.

Sello postal del Correo alemán de la RDA (1968).

Cabe destacar que todo esto ocurrió años antes de que Pasteur descubriese el papel de las bacterias en las infecciones. Sin embargo, aunque en el caso de Kolletschka el origen de las partículas cadavéricas era evidente, ¿de dónde venían las que infectaban a las puérperas? Semmelweis tardó poco en llegar a una conclusión, que, por cierto, resultó ser revolucionaria: eran los propios médicos los que infectaban a las mujeres. Fue una afirmación herética para su época, pues cuestionaba la figura del médico, pero la realidad es que era terriblemente cierta. Sus palabras fueron esclarecedoras:

> Debido al plan de estudios orientados al plano anatómico de la Facultad de Medicina de Viena, los profesores, ayudantes y estudiantes de Medicina tienen a menudo la oportunidad de entrar en contacto con cadáveres. El lavado normal con jabón no es suficiente para eliminar todas las partículas cadavéricas de las manos. Prueba de ello es el olor a cadáver que permanece en las manos durante un tiempo más o menos largo. Al examinar a las pacientes, las manos, contaminadas con partículas cadavéricas, entran en contacto con los órganos genitales de las madres lactantes, con la consiguiente absorción de las mismas. A través de la absorción, las partículas cadavéricas se introducen en el sistema vascular de las pacientes.

Todo encajaba: los estudiantes de Medicina tenían asignada la primera clínica, y gran parte de su formación se impartía mediante autopsias, mientras que en la segunda clínica trabajaban las aspirantes a matronas, que no realizaban ni asistían a exámenes *post mortem*. Los estudiantes varones de la primera clínica empezaban cada

mañana realizando las autopsias de las mujeres falleci-
das por fiebre puerperal del día anterior, normalmente
más de una. Después, sin haberse lavado las manos o con
una limpieza superficial, se dirigían directamente a las
salas de maternidad donde, también como parte de su
formación médica, realizaban exámenes ginecológicos a
todas las mujeres que habían dado a luz. Las alumnas
de la segunda clínica, en cambio, no solo no realizaban
autopsias, sino que rara vez realizaban exámenes ginecológicos. En definitiva, eran los propios médicos los que
transmitían la infección a las mujeres.

Por ironía del destino, tal y como cuenta Irvine Loudon
en un artículo publicado en el *Journal of the Royal Society
of Medicine*, en la época de Semmelweis, no hacía mucho
tiempo que la práctica de autopsias se había introducido
en el Hospital Materno de Viena. De hecho, cuando se
abrió en 1784 no se realizaban, porque el director, Lucas
Boër, temía el peligro de infección. En 1823, Boër fue
sustituido por Johannes Klein, quien introdujo la práctica rutinaria de autopsias con fines didácticos. En 1833,
el Hospital Materno estaba tan saturado que se construyó
una ampliación y se crearon las dos clínicas.

En mayo de 1847, Semmelweis ordenó a todos los estudiantes que entraban en la primera clínica que hicie-
ran algo tan sencillo como revolucionario: desinfectarse
las manos lavándolas con una solución de cloruro de
cal. Este acto revolucionario y salvador de vidas redujo
drásticamente el número de muertes durante el parto
en dos meses al nivel de la segunda clínica. Más tarde,
Semmelweis también se dio cuenta de que la infección
no solo procedía de los restos en descomposición de los

cadáveres, sino también de sueros y material infectado de enfermos vivos. El culpable de la infección era la materia orgánica en descomposición, y Semmelweis propuso toda una serie de medidas (la desinfección cuidadosa de médicos y pacientes, el cambio frecuente de la ropa de cama de los hospitales, etc.) que resultaron ser bastante eficaces.

Resultó ser una historia con final feliz. Pero solo para las parturientas, no para Semmelweis. No recibió elogios ni reconocimiento; todo lo contrario, lo atacaron y criticaron. Una mezcla de incomprensión; celos hacia un joven que acusaba a sus propios compañeros de ignorantes al poner al mismo nivel la vida y la muerte; enredos políticos (era húngaro y acababa de empezar la revolución de 1848), y ofensa a la comunidad médica, al considerarla responsable no de las curaciones, sino de los daños a la salud de las mujeres que confiaban en ellos. Todo esto hizo que Semmelweis cayera bajo el fuego cruzado de sus colegas. Al contrario que a Tiberio, que, en el caso del radar, lo dejaron de lado y acabaron olvidándose de él, Semmelweis, en cambio, fue terriblemente criticado. En 1850 le negaron el derecho a optar a una plaza de profesor de Obstetricia y, cuando meses más tarde por fin lo aceptaron, le prohibieron tratar con cadáveres y, por tanto, continuar con su investigación.

De regreso a Hungría, fue nombrado profesor de la Universidad de Pest en 1855, pero sus hallazgos acerca de la eficacia de la desinfección también fueron muy criticados allí, a pesar de que habían reducido drásticamente las muertes durante el parto. Llegó incluso a pagar personalmente ropa de cama, para que en el hospital pudieran cambiarla con frecuencia.

Su trabajo fue ignorado. Hasta 1880 no se introdujo la antisepsia en la práctica obstétrica. La práctica de la desinfección en el ámbito quirúrgico había sido introducida principalmente por Joseph Lister en 1865, en parte debido a la influencia de los descubrimientos de Louis Pasteur sobre las bacterias. La antisepsia en obstetricia se impuso no por las investigaciones de Semmelweis, sino como resultado de la aplicación de los métodos que Lister utilizaba en los quirófanos. En pocos años, la tasa de mortalidad en el parto descendió drásticamente, tal y como Semmelweis había previsto y conseguido. No fue hasta 1887 cuando un artículo de un médico húngaro restableció la reputación de Semmelweis. Como escribe Loudon, el descubrimiento de Semmelweis adquirió características épicas y a veces exageradas, pero el asunto fue más complejo, debido, entre otras cosas, a algunos rasgos de la personalidad de Semmelweis. Pero no podemos borrar de la historia el hecho de que un descubrimiento científico revolucionario que alteró totalmente los paradigmas establecidos fuera ignorado y su autor acabara censurado. En 1924, Louis-Ferdinand Destouches dedicó a Semmelweis su tesis doctoral en Medicina. Destouches se convertiría en uno de los grandes escritores del siglo XX bajo el seudónimo de Louis-Ferdinand Céline.

Ignác Semmelweis falleció a la edad de cuarenta y siete años el 13 de agosto de 1865, solo y olvidado, en el Hospital Psiquiátrico de Viena. Su muerte, por ironías del destino, fue causada por una importante infección provocada probablemente por una paliza durante su estancia en el hospital.

* * *

En 1933, Max Planck, de 75 años, era uno de los científicos más influyentes de Alemania y el presidente de la prestigiosa Kaiser-Wilhelm-Gesellschaft zur Förderung der
Wissenschaften (Sociedad Kaiser Wilhelm para el Avance
de la Ciencia, KWG), el organismo que dirigía la investigación alemana. El 30 de enero de ese año, Adolf Hitler
juró su cargo como canciller del Reich. Planck solicitó
entonces una audiencia con él cuyo principal objetivo era
convencerlo para que permitiera que los científicos judíos
pudieran seguir trabajando en las universidades alema-
nas, que en aquellos mismos meses estaban sufriendo
las primeras consecuencias de las leyes raciales y estaban
siendo despedidos de sus puestos. Entre ellos se encontraba Fritz Haber, ganador del Premio Nobel de Química
en 1918 por la síntesis del amoníaco, lo que lo convirtió
en uno de los padres de la agricultura moderna. También
fue el inventor de las armas químicas durante la Primera
Guerra Mundial.

Partiendo precisamente del ejemplo de Haber, que
había hecho una gran (y horrible) contribución militar
con la invención del gas —sin la cual Alemania podría
haber sido derrotada mucho antes—, Planck intentó convencer a Hitler de que sería un gran error para Alemania
privarse de tantos intelectuales y científicos judíos. Al
principio, Hitler lo escuchó, pero al poco tiempo no
quiso atender a razones. La conversación se convirtió en
un monólogo agitado y furioso, ante el que Planck solo
le quedó el silencio. «No tengo nada en contra de los
judíos como tales. Pero todos los judíos son comunistas,

y los comunistas son mis enemigos. Y son ellos contra los que estoy luchando», le respondió Hitler a Planck. Y añadió: «Esto quiere decir que prescindiremos de la ciencia durante algunos años».

Miles de científicos se vieron obligados a abandonar Alemania. Andrew Grant, en un artículo para *Physics Today*, subraya que, entre ellos, los nombres de los físicos son esencialmente un «quién es quién» de la física moderna:

> Hans Bethe, Felix Bloch, Max Born, Albert Einstein, James Franck, Otto Frisch, Fritz London, Lise Meitner, Erwin Schrödinger, Otto Stern, Leo Szilárd, Edward Teller, Victor Weisskopf, Eugene Wigner. Tres de los científicos que se vieron obligados a exiliarse —Einstein, Franck y Schrödinger— ya habían recibido el Premio Nobel de Física; otros cinco recibirían el premio más tarde. Un estudio de 2016 reveló que el 15 % de los físicos despedidos de las universidades alemanas representaban el 64 % de todas las veces que se citan a físicos alemanes en artículos científicos.

Sus colegas, especialmente de Gran Bretaña y Estados Unidos, se pusieron manos a la obra inmediatamente para acoger este éxodo. En abril de 1933, el economista británico William Beveridge fundó el Academic Assistance Council, rebautizado más tarde como Society for the Protection of Science and Learning. El primer presidente del grupo fue el físico Ernest Rutherford, y la organización ayudó a huir al Reino Unido a más de 2500 académicos de Alemania y de los países ocupados.

En Estados Unidos, el Emergency Committee in Aid of Displaced Foreign Scholars (Comité de Emergencia para Académicos Extranjeros Desplazados) puso a salvo a más de 300 científicos. Muchos de ellos (y no solo alemanes; por ejemplo, Enrico Fermi) contribuyeron al proyecto Manhattan.

* * *

En este capítulo hemos visto algunos casos de la historia de la ciencia en los que ha ocurrido —y probablemente volverá a ocurrir— que el error no lo cometieron los científicos en el proceso de sus investigaciones, sino otros científicos, líderes o personas al poder que no supieron escucharlos. Ocurrieron porque esos descubrimientos se adelantaron demasiado a su tiempo y pretendían cambiar drásticamente las convicciones tradicionales, pero también por razones más mezquinas relacionadas con el poder, la envidia y la ideología. Afortunadamente, no siempre sucede que un descubrimiento revolucionario no se comprende de inmediato, pero también es cierto que las costumbres y los llamados «sesgos cognitivos» son un obstáculo para la novedad. Sin embargo, reflexionando sobre lo que ocurrió con el radar italiano y los físicos que huyeron del nazifascismo debido a la persecución de los judíos, podemos preguntarnos cómo habría sido el curso de la historia sin la ignorancia de esas personas tan crueles, como Hitler y Mussolini, y sin la incapacidad (de ellos y de sus siervos) para comprender las ventajas militares que podrían haber obtenido de la ciencia. Si la Italia fascista hubiera tenido el radar y la Alemania nazi se hubiera beneficiado de lo mejor de la física nuclear de la época, el rumbo del conflicto y sus horribles resultados podrían haber sido diferentes para la libertad del mundo. Pero, más allá de cualquier hipótesis, el error y el horror de la guerra siguen siendo indiscutibles. La ciencia siempre deberá oponerse a la guerra, siguiendo el deseo con el que Linus Pauling cerró su discurso en la entrega del Premio Nobel de la Paz en 1962:

> Somos afortunados por tener la oportunidad de contribuir al logro del objetivo de la abolición de la guerra y su reemplazo por la ley mundial. Estoy seguro de que tendremos éxito en esta gran tarea; que la comunidad mundial se liberará no solo del sufrimiento causado por la guerra, sino también, a través del mejor uso de los recursos de la tierra, de los descubrimientos de los científicos y de los esfuerzos de la humanidad, del hambre, la enfermedad, el analfabetismo y el miedo; y que con el tiempo podremos construir un mundo caracterizado por la justicia económica, política y social para todos los seres humanos, y una cultura digna de la inteligencia del hombre.

7
Balas de cañón, anticiclones, coros angelicales y mecánica cuántica: Los errores del tipo «me gustaría, pero no puedo»

Vincenzo Tiberio, Alexander Fleming, Ignác Semmelweis, Joseph Lister: si Giovanni Battista Lulli hubiera vivido después de algunos de los protagonistas de este libro, el error que cometió el 8 de enero de 1687 habría sido considerado un pequeño inconveniente. Por desgracia, en aquella época no se conocían los antibióticos ni la desinfección, y la pequeña herida que se hizo al golpearse en el pie con el pesado palo de madera y metal con el que se ayudaba para dirigir la orquesta, los solistas y el coro, le causó una gangrena que lo condujo a la muerte pocas semanas después.

El 22 de marzo de 1687 fallecía en París uno de los compositores más importantes de la historia de la música.

En una entrevista, el maestro Federico Maria Sardelli, al que le debemos el mérito de redescubrir la música de Lulli, recuerda lo siguiente:

En el siglo XVII Italia dio grandes nombres a la historia de la música. El primero de todos es Monteverdi, que hoy goza de un renovado y merecido espacio de estudio y escucha. Pero en la segunda mitad del siglo XVII no hay ningún compositor de la talla de Lulli: él creó un nuevo estilo musical, géneros que antes no existían, «inventó» la orquesta en el sentido moderno y codificó un placer que perduró hasta la Revolución francesa. En definitiva, un gran hombre que no puede seguir permaneciendo entre los olvidados o, lo que es peor, entre los menos importantes.

Florencia alberga hoy un instituto dedicado a su ilustre ciudadano, que nació a orillas del Arno en 1632 y se trasladó a París cuando era muy joven. Precisamente en París, en una tarde de enero, Lulli estaba dirigiendo el *Te Deum* para celebrar la recuperación del rey Luis XIV. En aquella época, los directores de orquesta no usaban esas pequeñas varas que hoy vemos en los teatros. En su lugar, utilizaban un palo de madera con una punta de metal y, golpeándolo en el suelo, seguían el ritmo. Preso del entusiasmo dirigiendo a los músicos, Lulli se golpeó involuntariamente en el pie.

* * *

Cuando un joven prometedor, indeciso entre seguir su pasión por la música o satisfacer su interés por la física, entró en su estudio, Philipp von Jolly, el austero y prestigioso profesor de la Universidad de Múnich, lo tuvo claro. El tímido joven le pidió consejo, y el profesor le respondió describiendo la física como una disciplina en la que ya quedaba poco por descubrir. Una rama de la ciencia que había alcanzado la madurez y cuyo futuro podría, quizás, sugerir el estudio de detalles y descubrimientos menores, pero desde luego no revoluciones copernicanas. Al fin y al cabo, era 1878 y la cantidad de descubrimientos científicos que habían tenido lugar entre los siglos XVIII y XIX hacían pensar que quedaba poco por descubrir. Así que el consejo de Von Jolly fue, implícitamente, que se dedicara a la música. Sin embargo, aunque era un pianista prometedor, el estudiante decidió no escuchar el consejo y dedicarse a la física. Nunca sabremos si las salas de conciertos se quedaron huérfanas de un gran intérprete, pero sin duda el mundo ganó uno de los científicos más brillantes de la historia, y la mecánica cuántica, uno de sus fundadores. El estudiante en cuestión se llamaba Max Planck y, veinte años más tarde, su teoría de la radiación del cuerpo negro revolucionaría para siempre la física y sentaría las bases de la física cuántica.

El dilema de Planck no nos sorprende. Las conexiones entre música y ciencia son tan antiguas como las propias disciplinas. En el Museo Nacional de Eslovenia se expone un hallazgo arqueológico de hace unos 60.000 años: es un fragmento hueco del fémur izquierdo perteneciente a un oso cavernario joven, descubierto en la cueva Divje Babe, cerca de Cerkno, y tiene cuatro orificios. Todos sus agujeros presentan la misma dimensión, pero la distancia entre ellos no es uniforme. La página web del museo lo califica como «el instrumento musical más antiguo del mundo» y lo describe como un instrumento de viento, una especie de flauta, fabricado por el hombre de Neandertal. De hecho, se cree que la distancia entre los orificios no es casual, sino que es la necesaria para que el instrumento suene al soplar dentro, y es similar a la distancia de una flauta moderna. Esta flauta es casi 20.000 años más antigua que otras conocidas. El *hydraulis* u órgano hidráulico, de la época griega, fue el primer instrumento de teclado y el predecesor del actual órgano neumático. Se inventó en el siglo III a. C. aplicando una fuente de energía mecánica para hacer circular el aire en un conjunto de flautas de Pan. Un complejo sistema hidráulico accionaba un fuelle, de ahí el nombre del instrumento. Fue inventado por Ctesibio de Alejandría, pionero de la escuela de ingeniería alejandrina y gran experto en el diseño y la construcción de máquinas hidráulicas y neumáticas, entre ellas, una bomba para elevar agua, un reloj de agua, instrumentos de aire comprimido para uso militar y, por supuesto, el órgano. En aquel momento, Alejandría era la capital de la actividad científica y la ingeniería, y en especial la tecnología hidráulica fue una de las muchas que ensalzaron la fama de la ciudad.

Otra persona que tuvo en común con Planck la música y la mecánica cuántica fue John William Strutt, tercer barón de Rayleigh, un científico ecléctico que vivió a caballo entre los siglos XIX y XX, y que recibió el Premio Nobel de Física en 1904. Entre 1877 y 1878, mientras Planck lidiaba con el dilema entre la física y la música, Strutt las unió y escribió *The theory of sounds* (*Teoría del sonido*), el primer tratado matemático completo y sistemático sobre el sonido, un libro que abrió la era de la acústica moderna. Al igual que Planck, también escribió un artículo dedicado a la radiación del cuerpo negro en 1900. Sin embargo, a diferencia de aquel, Strutt se equivocó.

* * *

Entre los científicos que cometieron errores, hemos mencionado en capítulos anteriores al astrofísico inglés Arthur Stanley Eddington, contemporáneo de Einstein y un gran admirador y divulgador de sus teorías. Dicen que un día lo felicitaron por ser una de las tres personas en todo el mundo que entendía la teoría de la relatividad general, y que, como respuesta, guardó silencio. Acusado sin maldad de falsa modestia, parece que el científico contestó con una negativa, que lo suyo no era realmente modestia, sino simplemente una pausa para intentar comprender quién era la tercera persona. De acuerdo, se lo podemos perdonar a él también, entre otras cosas porque la teoría de la relatividad no es precisamente sencilla, e incluso los estudiantes de la carrera de Física se pasan días y noches estudiando para hacer frente al examen. No es que la otra revolución de la física moderna (la mecánica cuántica) sea más sencilla: el nobel Richard Feynman es más generoso que Eddington en lo que respecta a la relatividad, pero más estricto en cuanto a la cuántica. De hecho, escribe lo siguiente en su libro *The character of physical laws* (*El carácter de la ley física*): «Sin duda, somos más de doce los que comprendemos, de un modo u otro, la teoría de la relatividad. Por el contrario, creo que puedo decir con seguridad que nadie entiende aún la mecánica cuántica». Si miramos cuánta gente habla hoy en día sobre mecánica cuántica, podríamos pensar que Feynman era demasiado tajante: basta con echar un vistazo en un motor de búsqueda de Internet para darnos cuenta de la cantidad de sustantivos que se relacionan con el adjetivo *cuántica*, en ocasiones apelando a la imaginación. Pero (palabra de *físico*), llegar al fondo de la cuestión es bastante complicado, y más de uno habla del tema sin saber. Sin embargo, lo cierto es que son numerosas las manifestaciones y aplicaciones de la mecánica cuántica que están presentes en nuestro día a día y que caracterizarán cada vez más a nuestro futuro tecnológico.

La mecánica cuántica es una rama relativamente joven de la física que nació y se desarrolló en los albores del siglo XX. Después de más de un siglo, los físicos estamos más que convencidos de que la mecánica cuántica funciona muy bien, aunque el motivo por el que lo hace y sus interpretaciones más profundas siguen siendo objeto de estudio e investigación. Para celebrar sus logros y promover en todo el mundo la concienciación y la comprensión de la ciencia y la tecnología cuánticas, se estableció el Día Mundial de la Cuántica (World Quantum Day), que se celebra el 14 de abril. Se trata de un acontecimiento en torno al cual han surgido numerosas iniciativas dedicadas a la divulgación de la física cuántica y sus aplicaciones, que, como podemos leer en la página web worldquantumday.org, van «desde el tejido del espacio-tiempo hasta el GPS del teléfono; el universo habla el lenguaje de la mecánica cuántica». Láseres, semiconductores, herramientas de diagnóstico médico como la resonancia magnética nuclear, la medición del tiempo con relojes atómicos de superprecisión y, algún día, los ordenadores cuánticos que revolucionarán la informática. Estos son solo algunos de los ejemplos en los que la física cuántica desempeña un papel fundamental.

La fecha del 14 de abril (4.14 según la convención americana) corresponde a las primeras cifras de uno de los números más famosos de la física, una constante universal que lleva el nombre de Planck, al que nos hemos referido varias veces en este libro. Gracias a su intuición, logró explicar un fenómeno que teníamos literalmente ante nuestros ojos, pero que, a finales del siglo XIX, aún no tenía una explicación teórica, y abrió las puertas al mundo cuántico. Hablamos de la «radiación térmica» emitida por cualquier objeto por el simple hecho de encontrarse a temperaturas superiores al cero absoluto. Dependiendo de los casos, puede tratarse de luz visible o no. Pongamos dos ejemplos: el resplandor rojizo de la resistencia de un horno o del atizador de una chimenea encendida (visible) y la radiación infrarroja emitida por el cuerpo humano. Esta última es invisible a simple vista, pero puede medirse mediante esos termómetros infrarrojos, omnipresentes durante la pandemia, que usamos para determinar la temperatura corporal. La próxima vez que ase patatas en el horno, piense que está utilizando un proceso físico de cuya comprensión nació la mecánica cuántica.

Cuanto mayor es la temperatura de un objeto, mayor es la radiación electromagnética térmica que libera y la frecuencia a la que alcanza su máximo. La expresión italiana *al calor bianco* («de calor blanco») con la que metafóricamente se designan situaciones «acaloradas», de mucha tensión, se refiere a esta última evidencia, expresada por la ley de Wien y visible en el color cada vez más blanquecino que adquiere un trozo de metal a medida que se calienta. Las características de la radiación térmica emitida por un cuerpo dependen de su composición. Sin embargo, existe una categoría de objetos para los que la radiación térmica tiene propiedades universales, con la misma composición cromática: los «cuerpos negros». Un cuerpo negro es un objeto que se encuentra en equilibrio termodinámico con su entorno y que absorbe todos los colores de la luz, toda la radiación que incide sobre su superficie, sin reflejarla. Esta absorción da como resultado que parezca de color negro. Un ejemplo que se aproxime a la definición de «cuerpo negro» es cualquier objeto cubierto por una capa gruesa de pintura negra. Los astrónomos consideran que las estrellas son, en una primera aproximación, cuerpos negros. Las estrellas con temperaturas superficiales de 10.000 kelvin o más emiten la mayor parte de su radiación en ultravioleta. Estrellas como el Sol, que tienen una temperatura superficial de cerca de 6000 kelvin, producen la mayor parte de su radiación en las longitudes de onda visibles, mientras que las estrellas más frías las producen principalmente en el rango infrarrojo. Casi todos los objetos que encontramos en nuestra vida cotidiana, incluidos los seres vivos, tienen temperaturas lo suficientemente altas como para emitir radiación electromagnética en el infrarrojo. La dependencia entre la frecuencia a la que la emisión es máxima y la temperatura del objeto es útil para los astrónomos porque les permite obtener la temperatura de las estrellas y otros objetos cósmicos midiendo el «color» de su luz, es decir, midiendo la frecuencia en la que su emisión es más intensa. Esto proporciona información importante sobre su comportamiento. La emisión cósmica de fondo (la que midieron Penzias y Wilson) corresponde a un cuerpo negro casi perfecto con una temperatura de unos 2,7 kelvin, ligeramente por encima del cero absoluto. Tal y como predice la ley de Wien, su pico alcanza longitudes de onda de poco más de un milímetro, y, por tanto, justo en el rango de microondas del espectro electromagnético.

Las primeras mediciones y explicaciones precisas de la radiación del cuerpo negro se remontan a la segunda mitad del siglo XIX. Entre ellas se encuentran la que realizó John William Strutt, mencionado anteriormente, más conocido como Lord Rayleigh, y la de James Jeans. Desarrollaron una teoría a finales del siglo XIX y principios del XX que consideraron muy sólida, porque —vamos a decirlo así— descansaba a hombros de gigantes. Usaron conceptos y ecuaciones provenientes de la física clásica, el corpus de conocimientos que durante los tres siglos anteriores (desde Galileo hasta su propia época) había producido un conocimiento extremadamente amplio y profundo de la naturaleza. Una operación conceptual absolutamente lógica que tomó la tradición como punto de partida y la hizo evolucionar y mejorar. Un enfoque que ha funcionado en muchos ámbitos de la ciencia, pero también de la tecnología y el conocimiento en general. Los vehículos actuales son estructuralmente equivalentes a los primeros prototipos de finales del siglo XIX. Obviamente, han cambiado muchas cosas, pero un chasis, dos ejes, cuatro ruedas y un motor que convierte alguna forma de energía en movimiento están tan presentes en los coches que compramos hoy en un concesionario como lo estaban en los primeros modelos de Benz, Daimler, Ford y Bernardi. Si bien es cierto que los tres primeros son universalmente conocidos por todos nosotros, igual de famoso debería ser Enrico Bernardi, de la Universidad de Padua, que patentó el primer motor de gasolina en 1882. En 1894, diseñó y construyó el primer vehículo de tres ruedas fabricado en Italia, al mismo tiempo que los competidores más famosos de la actualidad. Un ejemplar sigue funcionando hoy en día y se conserva en el Museo di Macchine Enrico Bernardi, de la Universidad de Padua.

Pero resulta que la evolución del pensamiento no solo se caracteriza por un progreso paulatino, sino también por auténticos cambios de paradigma. El libro que está leyendo ahora mismo es un ejemplo de ello: como relata Alessandro Marzo Magno en su obra de 2020 *L'inventore di libri* (*El inventor de libros*), el objeto que tiene en sus manos, con letras impresas de forma clara, manejable, con una portada y un índice, revolucionó la forma de hacer libros e hizo posible el placer de la lectura. Y esto fue gracias a la genialidad de Aldo Manuzio, quien, en la Venecia de finales del siglo XV y principios del XVI, fue precursor del libro tal y como lo conocemos hoy, un medio de transmisión escrita del saber radicalmente diferente de los que se disponían en aquella época.

Y, volviendo a los medios de transporte, se produjo una ruptura en el progreso paulatino de las cuatro ruedas con la introducción del avión, que también cambió de manera radical la forma de viajar e hizo accesibles (literalmente) nuevos espacios.

El error de Rayleigh y Jeans, y de otros muchos de su época, fue precisamente el hecho de no comprender que el fenómeno que tenían ante sí exigía un salto total, abandonar la seguridad de navegar cerca de territorios conocidos y aventurarse al mar abierto para descubrir nuevos mundos. Y de hecho, sus teorías, aunque basadas en una aplicación rigurosa de las leyes físicas conocidas en ese momento, no lograron describir las pruebas experimentales. El que sí que se atrevió a dar un aparente salto en la oscuridad para explicar la luz fue Max Planck. Con el debido respeto a Von Jolly, el destino de la física no era simplemente quedarse de brazos cruzados.

Planck planteó una hipótesis que sería insuficiente definirla como «innovadora»; una intuición física que, sin embargo, también tenía un enorme valor filosófico. La visión del mundo en aquella época era en esencia la de *Natura non facit saltus*[12], una expresión latina que Leibniz y Linneo pusieron muy «de moda» en el siglo XVIII para describir una representación del mundo natural basada en el principio de continuidad y cimentada sobre un desarrollo a escala. *Tout va par degrés dans la nature, et rien par saut* («Todo va por grados en la naturaleza, y nada por saltos»), afirmaba Leibniz. No obstante, a finales del siglo XIX, la comunidad científica empezaba a elaborar la teoría atómica y a identificar así los constituyentes

---

12 Expresión latina que significa: «la naturaleza no procede por saltos». Es un principio que expresa la idea de que la naturaleza varía de manera continua y no de manera abrupta. (N. de la t.).

elementales de la materia; la descripción continua de la naturaleza y de las magnitudes físicas era una herencia compartida y una experiencia común a las escalas espaciales por entonces accesibles. Pues bien, Planck desafió estos mismos cimientos y afirmó que la energía de las ondas electromagnéticas no podía variar continuamente, sino que tomaba solo un conjunto de valores cuantificados. Es algo similar a cuando compramos en la tienda alcachofas en aceite: podemos comprar uno, dos o cinco tarros de alcachofas en aceite, pero siempre en números enteros. Nunca saldremos de una tienda con 16,1 tarros de alcachofas. Se trataba de una suposición, una intuición con la que Planck introdujo por primera vez el concepto de «cuantificación de la energía», fundamental para la descripción moderna y precisa de la naturaleza a escala microscópica, y es una de las piedras angulares de la mecánica cuántica.

Técnicamente, para los conocimientos de la época, Lord Rayleigh no hizo nada malo: aplicó la tradición, pero precisamente ese fue su error. En la ciencia, como en la vida, la verdad y la felicidad se encuentran a menudo más allá de los límites del confort.

$$* * *$$

El padre Giovanni Battista intentó explicar a sus nueve hermanos que también esa noche tendrían que renunciar a la relativa comodidad de su cama en nombre de la ciencia. Pero para siete de ellos no había física que valiera: una vez estaba bien; dos veces, también; tres, lo hacían porque el padre se lo pedía, pero fácilmente podría acontecer alguna violación del segundo mandamiento. Sin embargo, no había ni caridad cristiana ni espíritu fraternal que pudieran justificar pasar otras 24 horas seguidas contando de manera hipnótica las oscilaciones de un péndulo. Solo los padres Zeno y Francesco Maria terminaron animándose, al enterarse de que el cuarto intento no supondría una sesión de 24 horas, sino de tres. Y así fue como el 19 y 38 de mayo y el 2 de junio de 1645 se turnaron para ver oscilar el péndulo. El objetivo del promotor del experimento, el padre jesuita de Ferrara Giovanni Battista Riccioli, era calibrar con la mayor precisión posible un péndulo como instrumento para medir el tiempo. Galileo había demostrado que todas las pequeñas oscilaciones de un péndulo tenían la misma duración independientemente de su amplitud. Midiendo el número de oscilaciones en un determinado intervalo de tiempo (en el caso de Riccioli, las 24 horas de un día sideral), la duración de cada una podía asociarse a un valor temporal preciso, y el péndulo podía utilizarse, por tanto, como cronómetro. De hecho, el interés de Riccioli por las cuestiones celestiales estaba conectado con una gran curiosidad por las terrenales, por lo que, además de ser un devoto miembro de la Compañía de Jesús, también era un valiente investigador. Algo más joven que Galileo, Riccioli es mucho menos conocido en la historia de la ciencia que su colega de Pisa y que otros muchos, a pesar de que obtuvo hallazgos de gran valor.

En su *Almagestum Novum* de 1651, un tratado enci-clopédico de más de 1500 páginas, abordó problemas fundamentales de la física y la astronomía de la época, empezando por el análisis del movimiento de caída libre de los cuerpos en presencia de la gravedad terrestre descrito por Galileo. Con la ayuda de sus hermanos, Riccioli llevó a cabo numerosos experimentos en los que hacía caer diversos objetos desde la torre Asinelli de Bolonia con el fin de estudiar detalladamente su movimiento con el cronómetro de péndulo que hemos mencionado antes. Llegó a la conclusión de que las predicciones de Galileo sobre la velocidad lineal de los cuerpos en caída libre eran correctas y que, a medida que avanzaba la caída, el espacio recorrido por el cuerpo era proporcional al cuadrado del tiempo transcurrido desde el inicio del movimiento. Su cálculo de la aceleración de la gravedad es el más preciso de la época y difiere en menos de un 5 % del valor determinado en la actualidad, un error insignificante teniendo en cuenta los instrumentos de los que disponía.

A Riccioli hay que reconocerle el mérito de haber realizado de forma rigurosa y metódica unas mediciones muy precisas para la época, que no solo supusieron una importante confirmación experimental de la teoría galileana, sino que manifestaron de manera cuantitativa el efecto de la resistencia del aire, en aquel momento desconocido. El propio Riccioli escribió: «De dos bolas […] la más pesada desciende naturalmente más rápido a través del aire, si es mayor que la otra, como en el experimento 10, o igual, como en los experimentos 3, 4, 5, 6, o incluso más pequeña, como en el experimento 11». Hoy sabemos que la teoría de Galileo es correcta al afirmar que una pluma y una piedra caen desde una altura determinada con la misma velocidad y en el mismo tiempo, pero solo si esto ocurre en ausencia del aire que opone resistencia, como demostró el astronauta David Scott, comandante de la misión Apolo 15. El 2 de agosto de 1971, justo antes de abandonar la Luna, Scott dejó caer de sus manos al mismo tiempo un martillo de unos 1300 gramos y una pluma de halcón de unos 30 gramos. En la superficie de la Luna prácticamente no hay atmósfera, y el experimento (cuyos vídeos originales están disponibles en Internet) demostró de manera inequívoca que Galileo tenía razón: la pluma y el martillo tocaron el suelo al mismo tiempo.

Los nexos entre Riccioli y la misión Apolo no se limitan al martillo y la pluma. Su habilidad como astrónomo le permitió elaborar y publicar un detallado mapa lunar en el *Almagestum Novum*, en el que introdujo el sistema moderno de nomenclatura lunar que no seguía la toponimia terrestre, sino que rendía homenaje a los astrónomos de la Antigüedad y también de su tiempo. Dio nombre a numerosas estructuras y formaciones de la superficie lunar, muchos de los cuales se siguen utilizando hoy en día. Entre ellos, se encuentra el famoso Mare Tranquillitatis (Mar de la Tranquilidad), el lugar donde aterrizó el Apolo 11.

* * *

Aparte de los largos turnos que se pasaban contando las oscilaciones del péndulo, los hermanos sentían cierta reticencia a la hora de complacer el entusiasmo de Riccioli; puede que fuera porque el científico también los utilizaba como cronómetros vivientes. Al parecer, durante sus experimentos les hacía cantar notas al ritmo de los péndulos, para marcar de manera audible el paso del tiempo (no olvidemos que se encontraban en la cima y los pies de la Torre Asinelli; además, aún quedaba tiempo para que Hertz naciera, y con él, también, la radio).

Teniendo en cuenta la época de estos experimentos, nos preguntamos si también les pidió que cantara piezas compuestas por Lulli, pero eso nunca lo sabremos.

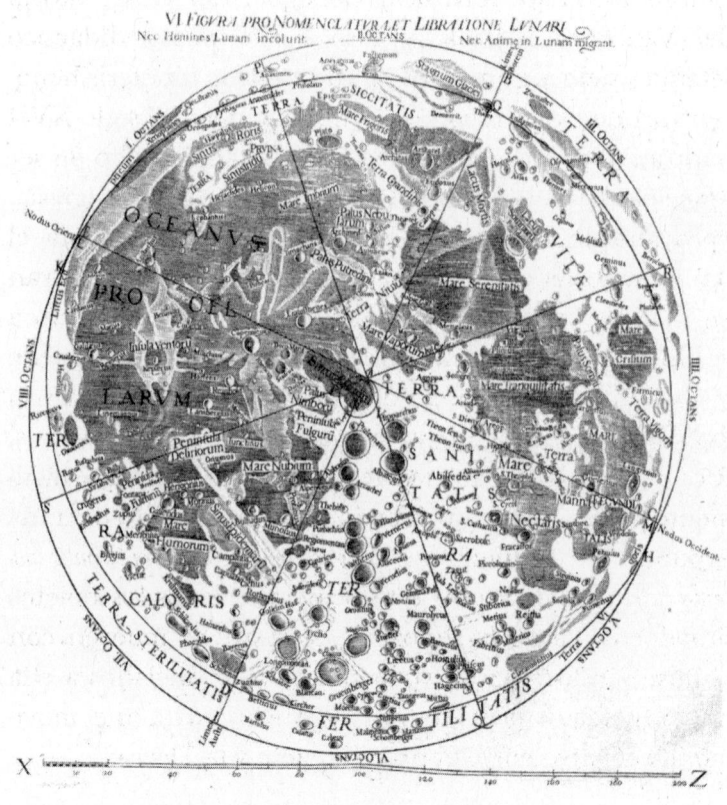

Mapa de la Luna del *Almagestum Novum*
de GB Riccioli de 1651.

Lo que sí sabemos es que Riccioli, en su *Almagestum*, trató en detalle la disputa entre heliocentrismo y geocentrismo en lo que el historiador Edward Grant define como «el análisis más largo, intenso y fidedigno realizado por un autor de los siglos XVI y XVII». Como escribe en una serie de artículos, que se pueden consultar fácilmente en la web, el experto Chris Graney, físico del Jefferson Community and Technical College y del Observatorio del Vaticano, Riccioli expuso con espíritu didáctico setenta y siete argumentos en contra de la hipótesis heliocéntrica de Copérnico, de los que alguien del siglo XVII podría haber oído hablar. Riccioli distaba mucho de ser un celoso defensor público de las posiciones de la Iglesia, pero abordó la cuestión con espíritu crítico, hasta el punto de sostener que la mayoría de los argumentos eran en realidad insustanciales. Por ejemplo, con respecto a la hipótesis de la época según la cual la Tierra no puede girar porque la velocidad de su movimiento superaría la del vuelo de los pájaros y del movimiento de los barcos, Riccioli argumentó que la cuestión podría resolverse fácilmente recurriendo al principio del «movimiento común» expuesto por Galileo en *Diálogos sobre los dos máximos sistemas del mundo*. Según este principio, todos los objetos situados cerca de la superficie terrestre se mueven con la misma velocidad de rotación, al estar anclados a ella por la fuerza de la gravedad, y lo que importa es el movimiento relativo entre el propio objeto y la Tierra:

> Con respecto a la Tierra, a la torre y a nosotros mismos, que nos desplazamos con el movimiento diurno, junto con la piedra, el movimiento diurno es como si no existiera, permanece insensible, permanece

imperceptible y sin acción alguna, y solo aquel movimiento que nos falta permanece observable para nosotros, que es el de bajar tocando la torre. No eres el primero que siente gran repugnancia al enterarse de esta ineficacia del movimiento entre las cosas que te son comunes.

Ante el argumento de que una Tierra en movimiento contradiría, en un universo geocéntrico, la sensación absoluta de movimiento descendente de los objetos, Riccioli en cambio respondió afirmando que el movimiento hacia abajo de los cuerpos pesados se dirigía hacia el centro de la Tierra, no hacia el centro del universo.

En resumen, Riccioli no creía en un universo heliocéntrico, pero quería que las pruebas que apoyaban sus ideas fueran sólidas y resistieran a los argumentos científicos, como las de la supuesta deflexión de los objetos en movimiento (por ejemplo, las balas) debido al movimiento de la Tierra. Riccioli y su contemporáneo Claude Dechales, también sacerdote jesuita, abordaron este asunto de manera muy detallada. Supongamos que lanzamos una bala de cañón desde la cima de una torre muy alta, a ras de la pared. Si la Tierra gira, pensaban, no encontraríamos la bala exactamente debajo de la vertical desde el punto donde la dejamos caer, sino que se habría alejado ligeramente. A causa de la rotación de la Tierra, la parte superior de la torre tendría que moverse un poco más rápido que la base, porque, en el mismo intervalo temporal, la cima debe recorrer un arco más largo (la torre debe permanecer vertical). Y lo mismo debería ocurrir si disparamos una bala de cañón en dirección al Polo Norte o Polo Sur a lo largo de un meridiano. Si la Tierra gira, la velocidad de un punto de la Tierra más cercano al ecuador debería ser mayor que la de un punto más alejado, porque, una vez más, en el mismo tiempo deben recorrer arcos de longitudes diferentes. Y, por lo tanto, en su movimiento hacia el norte o hacia el sur, el objetivo se movería con una velocidad transversal diferente a la que tenía el proyectil cuando fue lanzado y, por tanto, la bala no podría golpearlo. A la luz de todos los experimentos realizados por Riccioli y Dechales, este efecto no era en absoluto visible: un buen tirador daría en el blanco, y si alguna paloma decidiera evacuar desde la cornisa de lo alto de la torre y justo encima de usted, inevitablemente su caca le salpicaría en la cabeza (este último ejemplo no es obra de los devotos hermanos). Por tanto, concluyeron que (con el debido respeto a Copérnico) la Tierra no se movía. Hay que decir que su posición anticopérnica no coincidía con la ptolemaica, precisamente porque ambas eran susceptibles a las mediciones y observaciones. Como recuerda Graney:

> Riccioli y Dechales apoyaban una teoría geocéntrica híbrida, o «geoheliocéntrica», desarrollada por Tycho Brahe. Según esta teoría, el Sol, la Luna y las estrellas giraban alrededor de una Tierra inmóvil, mientras que los planetas giraban alrededor del Sol, una teoría compatible con los descubrimientos astronómicos del siglo XVII.

Tierra firme, sí, pero con prudencia. Un buen compromiso que salvaguardaba las pruebas y la creencia religiosa.

* * *

Mientras que, de 1592 a 1610, Galileo pasaba los mejores dieciocho años de su vida como profesor en la Universidad de Padua y la ciencia entraba en la era moderna, su contemporáneo Michelangelo Merisi, más conocido como Caravaggio, recibió el encargo de pintar el cuadro de *San Mateo y el ángel*, para colocarlo como retablo central del altar de la capilla Contarelli, en la iglesia de San Luis de los Franceses de Roma. La primera versión del cuadro fue rechazada en enero de 1602. Adquirida posteriormente por el marqués Vincenzo Giustiniani, llegó finalmente al Kaiser Friedrich Museum (Museo Bode) de Berlín, donde desgraciadamente fue víctima en 1945 de los bombardeos de la ciudad a finales de la Segunda Guerra Mundial. Tras el rechazo del cuadro, Caravaggio pintó una segunda versión, que es la que vemos hoy en la iglesia romana.

Ambas versiones son muy diferentes. En la primera, de la que solo se conservan fotografías, el santo estaba retratado como un hombre corriente, con ropa humilde que dejaba ver sus piernas y antebrazos cruzados, una expresión de sorpresa y con el ceño fruncido, y unas arrugas que le recorrían la frente. El ángel estaba en contacto con el santo, apoyado en su hombro, y le guiaba físicamente la mano en su escritura del Evangelio. La segunda versión, si la comparamos, resulta bastante diferente, más sacra. El ángel aparece en la parte superior, ya no hay contacto físico, y dicta el mensaje del Evangelio a san Mateo desde la distancia, contando con los dedos en una especie de lista los elementos que transmite al escritor. El santo, con la aureola, tiene los brazos y las piernas cubiertos y se vuelve hacia el ángel con una mirada culta e inspiradora, a la espera del mensaje. Los expertos en historia del arte han escrito extensamente sobre el motivo del rechazo. Un interesante artículo *online* de la Universidad Vita-Salute San Raffaele, el rechazo de la primera versión

> [...] no se atribuye a cuestiones relacionadas al decoro, sino a cuestiones de un perfil teológico más elevado y sutil, en particular, al delicado tema de la inspiración divina de las Sagradas Escrituras [...]. En la práctica, el primer retablo, ya en Berlín, constituiría, en sentido literal, la aplicación visual de la doctrina de la «inspiración verbal», en la que el Espíritu Santo, a través del ángel, «mueve la pluma» del escritor, mientras que el segundo cuadro, que siempre ha estado *in situ* en la Capilla Contarelli, constituiría la representación más imprecisa de la participación autónoma del evangelista en la redacción del texto sagrado. Así, a partir de esta concisa exposición, entendemos cómo la cuestión involucra sofisticadas disquisiciones teológicas...

* * *

Las vivencias de Galileo bastarían por sí solas para dar testimonio de los entramados y tensiones entre la ciencia (y también el arte, como muestra la historia de Caravaggio) y la teología de aquella época. Tampoco Riccioli y Dechales quedaron impasibles ante las encrucijadas de ambos mundos, alcanzando un compromiso entre sus detallados análisis científicos y las creencias religiosas. Lástima que en la cuestión física de la deflexión de los objetos en movimiento debido a la rotación de la Tierra los dos estaban en lo cierto, y con casi dos siglos de antelación. La proposición que Riccioli y Dechales habían analizado y desmontado con tanta precisión basándose en sus pruebas y, por supuesto, en el fuerte prejuicio anticopérnico era, en cambio, absolutamente correcta, y habría que esperar hasta 1835 para que el ingeniero francés Gustave de Coriolis la describiera matemáticamente. Por esta y otras muchas razones, su nombre merecía perpetuarse en una de las cornisas de la Torre Eiffel.

En la actualidad, el efecto del movimiento de rotación terrestre sobre los objetos en movimiento se conoce como la «fuerza de Coriolis». La conocen bien los tiradores que tienen que alcanzar objetivos lejanos, los ingenieros que tienen que lanzar un misil, los meteorólogos, los pilotos de aviones y los astrofísicos. Y, además, sus efectos son bastante visibles: de hecho, el efecto Coriolis es responsable de la formación de estructuras meteorológicas a gran escala. Tal y como plantearon Riccioli y Dechales, si un cuerpo se desplaza desde el ecuador hacia el norte, su trayectoria se desvía hacia la derecha, y si, por el contrario, se desplaza hacia el Polo Sur, se desvía hacia la izquierda. El movimiento de los fluidos que atraviesan grandes superficies, como las corrientes de aire, puede compararse en una primera aproximación a la de un proyectil: se desvía hacia la derecha —mirando en la dirección del movimiento— en el hemisferio norte y en sentido contrario, hacia la izquierda, en el hemisferio sur. Esto está relacionado con la estructura de los ciclones y anticiclones. ¿Ha oído hablar del anticiclón de las Azores, que suele acontecer durante el verano, o de los devastadores tornados caribeños? Los ciclones son estructuras caracterizadas por un mínimo de presión atmosférica (el llamado «ojo del ciclón»). El aire es empujado desde las zonas circundantes a mayor presión hacia el mínimo, lo que da lugar a fuertes vientos. Es la fuerza de Coriolis la que curva su trayectoria y hace que los vientos de los ciclones del hemisferio norte giren en sentido contrario a las agujas del reloj alrededor del centro del ciclón. Por su parte, los anticiclones son circulaciones de vientos en torno a una zona de altas presiones (buen tiempo), que «ruedan» en sentido contrario: en el sentido de las agujas del reloj en el hemisferio norte, y en sentido contrario en el sur.

Riccioli y Dechales habían acertado, pero aún era demasiado pronto. También para ellos, el error —si se le quiere llamar así— se debió en gran medida al hecho de estar demasiado adelantados a su tiempo, tanto técnica como culturalmente. En primer lugar, porque sus experimentos nunca habrían podido demostrar el efecto de la rotación de la Tierra. Una piedra que cae desde una torre o una bala disparada por un cañón en el siglo XVII se ven afectadas por la fuerza de Coriolis, pero de una forma que los medios técnicos de la época no podían detectar. Aparte de esto, la cultura en la que estaban inmersos Riccioli y Dechales aún tenía un prejuicio muy fuerte contra el movimiento de la Tierra.

Riccioli no fue en absoluto un fanático religioso, ni tampoco un necio. Cuando se dio cuenta de que sus mediciones sobre el movimiento de los proyectiles en caída libre coincidían con las teorías de Galileo y discrepaban de las suyas (Riccioli pensaba que la velocidad no aumentaba de manera lineal, sino exponencial), no dudó en hacer prevalecer el método experimental y, por tanto, en admitirlo y darlo a conocer, reconociendo su error en nombre de la supremacía de los hechos sobre las opiniones. Pero, cuando se vio ante el dilema de elegir entre una incómoda revolución basada en el pensamiento pero que no podía respaldarse con mediciones, y un refugio más cómodo en la tradición, no tuvo dudas. Después de todo, el destino de Galileo estaba ahí como una advertencia, y Riccioli probablemente no tuvo el coraje de seguir su corazón y su intelecto por encima de una vida tranquila.

Y es que, como dice la canción de F. de André, al igual que para «morir en mayo», para hacer una revolución científica también «hace falta mucho mucho valor».

Epílogo

La puerta de la terraza está abierta,
el ejército amarillo del diente de león
conquista inexorablemente la pradera,
la ardilla busca nueces
de este último año. Pronto lloverá,
el columpio ya sueña con el viento.
Si los gruesos periódicos de los domingos
están en lo cierto, nada de esto existe.
No existe el pájaro carpintero
que al arce confíe su elegía;
no existen las malezas, enemigas de las avispas.
Puesto que despreciamos la imperfección,
una máquina invisible se mueve afanosamente
en torno a la perfección.
Y aun así, el manzano,
que como yo vino al mundo durante la guerra,
está floreciendo de nuevo.

(Michael Krüger, *Tarjeta postal*, mayo de 2012)

En el error, incluso más que en el éxito, estamos solos. Estamos solos cuando lo cometemos, pero, sobre todo, después. El estigma del error nos arrincona, ya sea auténtico o falso. Las victoriosas escaladas de Marco Pantani[13] fueron solitarias, pero de inmediato se volvieron colectivas. Sus últimas horas, en la oscuridad de una habitación, las pasó en solitario. Es fácil identificarse con el héroe, pero mucho más difícil con quienes tienen problemas. Quizá por eso no nos gusta equivocarnos y «despreciamos la imperfección», como dice el verso del poeta alemán Krüger. Sin embargo, el error nos pertenece. Incluso los científicos cometen errores, y los que hemos contado en estas páginas son solo algunos de los que han salpicado el progreso científico. La ciencia, a pesar de esos errores (o, mejor dicho, gracias a ellos), ha hecho posible aumentar la esperanza de vida de los seres humanos en los dos últimos siglos, inventar vacunas que han erradicado gravísimas enfermedades y derrotado pandemias, comunicarnos a tiempo real traspasando mares y continentes, aumentar de manera exponencial la productividad agrícola de la tierra, y comprender la naturaleza desde la escala subnuclear hasta los confines del universo.

Pero equivocarse suele causar sufrimiento y, sin mediación, el error puede resultar una mera pérdida. «Aprender de los errores» es menos doloroso de lo que pensamos y, en ciertos casos (como algunos errores médicos o judiciales graves), las consecuencias de equi-

---

13   Marco Pantani fue un ciclista profesional italiano, ganador del Giro de Italia 1998 y el Tour de Francia del mismo año. Está considerado uno de los mejores escaladores de la historia del ciclismo. (N. de la t.).

vocarnos pueden resultar trágicas e incluso irreversibles, haciendo muy difícil, o incluso imposible, proporcionar a quienes sufren sus efectos una perspectiva generativa. Pese a todo, convivir con el error es una condición imprescindible de la vida. La naturaleza nos ha impuesto el error, la humanidad puede transformarlo en un importante recurso para experimentar y explorar. En nuestras manos está no abandonar los errores a su suerte, asumir la responsabilidad de aprender de ellos y convertirlos en algo generador y productivo. Pasar de la vergüenza y el dolor a la genialidad del error es también una cuestión de elección y de arduo compromiso.

Seguramente yo no tengo la capacidad suficiente para dar consejos, ni tampoco creo que sea la persona adecuada para hacerlo, pero, al comparar las historias de los errores que he presentado en estas páginas, siento que puedo compartir, aunque sea en voz baja, una breve serie de reflexiones y propósitos que yo mismo debería ser el primero en tener en cuenta.

En primer lugar, reconciliémonos con los errores. Las metedoras de pata nunca desaparecerán, y vivir significa correr el riesgo de cometer o sufrir equivocaciones. El mito de la perfección es a menudo una excusa para dejar de lado a quienes son diferentes a nosotros, nos gustan menos, o nos parecen menos agradables.

Puesto que los errores existen, y los cometemos, reconozcámoslos como tales sin negarlos ni ocultarlos. Darse cuenta de ellos y asumir la responsabilidad de los mismos es un paso imprescindible, aunque a veces también es doloroso. Ayudemos a los demás a reconocer los suyos sin juzgar en exceso, sino apoyándolos. Es cierto que hay errores provocados por una mala voluntad o incluso por crímenes, pero en la mayoría de los casos el error proviene por haber actuado, vivido. Démonos la posibilidad y la libertad de equivocarnos, y concedámosla sobre todo a quienes tenemos más cerca, y también a los más pequeños. «El maestro sabe que lo más importante de su arte de enseñar es comprender los errores de sus alumnos», escribía el matemático Federigo Enriques en su libro *Il significato della storia del pensiero scientifico*. El aprendizaje nace del descubrimiento del error, que —como nos muestran algunas de las historias que hemos contado— puede ser un momento de enriquecimiento y creatividad. Las pasiones y los errores están relacionados. Si no hacemos nada, cometeremos muchos menos errores, pero tampoco llegaremos a ninguna parte.

Dediquemos tiempo a entender qué ha fallado. El tiempo es el recurso más escaso en nuestra vida individual y sobre todo social. Poco es el tiempo que tenemos para pensar, explorar e interactuar con los demás, empezando por los que están más cerca. En definitiva, no hay tiempo para escuchar, dudar o equivocarse. Incluso en esto, lamentablemente, la ciencia corre el riesgo de ser hoy la maestra, pero no de una manera positiva. Investigar significa probar y volver a intentar; significa equivocarse y volver atrás; significa ser aparentemente improductivo en un mundo dominado por cuadrículas y clasificaciones. Un mundo que, desgraciadamente, ya no nos deja tiempo para todo esto y que está orientado hacia el rendimiento, la aplicación inmediata y la búsqueda de éxitos efímeros. La paciencia es fundamental, tanto para planificar los caminos que hemos de seguir como para reconsiderar aquellos que no han llegado a buen puerto y comprender el origen de los errores que hemos cometido.

Hablemos de nuestras equivocaciones, no solo de nuestros logros. También en este aspecto la ciencia es ambigua, pues transmite sobre todo los éxitos que ha alcanzado, pero omite la odisea que le ha llevado hasta ellos. Sin embargo, es precisamente desde la propia comunidad científica desde donde parten iniciativas críticas en contra de una información centrada exclusivamente en los éxitos, como las que comentamos en la introducción. Un grupo de jóvenes investigadores de la Universidad de Utrecht ha lanzado el *Manifesto for Trial and Error in Science* (*Manifiesto para el ensayo y error en la ciencia*) y ha fundado la revista científica homónima (*Journal of Trial and Error*). Esta no se centra tanto en el hallazgo de una investigación, sino en el proceso que ha llevado a dicho hallazgo. Sus fundadores escriben lo siguiente:

> Cuando los científicos se enfrentan a una investigación que fracasa, tienen dos opciones: no publicar, o bien definir los resultados como productivos, añadiendo, por ejemplo, hipótesis *ad hoc* de una manera posiblemente inadecuada. La importancia de la cantidad [de resultados científicos] suele considerarse una amenaza importante para la calidad científica.

Aquí es donde surge la idea de «transformar el mensaje más importante (que la ciencia la hacen los seres humanos) en un diálogo constructivo con los propios científicos. Seamos ingenuos, optimistas: hemos de aprender cómo podemos ayudar a la ciencia, en lugar de limitarnos a criticarla». El hecho de que a menudo el proceso es tan importante como el resultado, o incluso más, no solo es cierto en la ciencia, sino también en la vida. Debemos escuchar y dialogar, y liberarnos de la pretensión de ser depositarios de la verdad. La tomografía —más conocida como TAC, principal técnica de diagnóstico médico en la actualidad— nació de una intuición, según la cual, al observar desde diferentes puntos de vista sin favorecer ninguno de ellos, se pueden obtener imágenes más precisas. Escuchar a los demás, oír distintas opiniones acerca de nuestros errores, nos ayuda a tener una visión más completa, pero también nos conecta con experiencias similares, experiencias de personas que, en las mismas situaciones, han cometido —o no— los mismos errores y, por tanto, pueden ser valiosas para evitar que volvamos a recorrer callejones sin salida. No hay nada peor que sentirse juzgado. El diálogo y el enfrentamiento libre del principio de autoridad son la base de la ciencia moderna, al igual que pueden serlo para la sociedad.

Continuemos explorando. Cuando éramos pequeños, nos caíamos mientras aprendíamos a montar en bicicleta, pero era importante volver a subirnos, aunque eso significara caernos de nuevo. El aprendizaje está hecho de errores, y son precisamente los errores en un entorno protegido (como, por ejemplo, el colegio) los que nos permiten evitar otros en situaciones desprovistas de una red protectora. Un piloto aprende de los errores que comete junto al instructor o en el simulador de vuelo, para evitar repetirlos cuando está solo al mando de un avión lleno de pasajeros. Y la vida es demasiado valiosa como para no vivirla plenamente, quizá con algunos remordimientos más y algunos arrepentimientos menos. Equivocarse es el impulso para avanzar y rebasar nuestros propios límites, para recorrer caminos imprevisibles, y no tiene que desembocar en un sentimiento de incompetencia.

Tengamos en cuenta nuestros errores, sin miedo. El error no debe asustarnos. El miedo alimenta la angustia y nos hace confundir con la muerte lo que es parte de la vida. Erramos porque estamos vivos y somos libres; son los imprevistos y las imperfecciones los que nos hacen vivir. Recomponer las piezas tras los fracasos y las caídas es agotador y a veces doloroso, pero también transformador. Ser nosotros mismos sin sentir vergüenza es el primer paso para encontrarnos y renacer. Porque incluso tocar una nota con el trasero puede crear una hermosa canción, y una idea equivocada puede dar lugar a una revolución científica.

Tomarnos un poco menos en serio es, en resumidas cuentas, la mejor manera de ser verdaderamente auténticos. Porque, como escribe Gianni Rodari en el prefacio de su obra *El libro de los errores*: «Los errores son necesarios, útiles como el pan y a menudo también hermosos: un ejemplo es la torre de Pisa».

Agradecimientos

Escribir un libro es como emprender un viaje por carreteras y caminos desconocidos, con un destino en la mente. Normalmente partimos con un itinerario planeado, avanzamos, encontramos carreteras cortadas y atajos, abruptos ascensos y desvíos repentinos, tramos llanos y pintorescas rutas, hasta llegar a nuestro destino. Un deambular que a veces resulta agotador, pero siempre, en definitiva, agradable. A lo largo de nuestro camino, conocemos a muchísimas personas: algunas nos indican qué camino hemos de seguir; otras nos consuelan en momentos de cansancio. Hay quien nos acompaña durante parte del camino, y hay quien lo hace de principio a fin. También hay quienes deciden —o a veces, por desgracia, deben— tomar otros caminos. En cualquier caso, el viaje de la escritura no es una experiencia solitaria, y es que no solo estarán los lectores esperando a la llegada, sino también a lo largo del camino.

Por eso me gusta recordar las personas que he conocido durante este viaje. Si olvido alguna, será de manera totalmente involuntaria. En cambio, aquellos que sufrieron a causa de mis errores no los recordaré por escrito, sino que quedarán grabados en mi memoria. Escribir este libro me ha dado la oportunidad de pensar en ellos, y en todo lo que podía haber evitado. Por desgracia, no existe una máquina del tiempo, así que solo puedo pedirles perdón.

No podría haber superado las dificultades del viaje sin los valiosos consejos de tantos amigos: en primer lugar, de Alessandro Marzo Magno, sin el cual la aventura en la editorial Laterza nunca habría comenzado, y que con paciencia y afán leyó y corrigió mi manuscrito. También me leyeron con gran atención Silvia Bencivelli, Giovanni Busetto, Alessandro De Angelis, Mauro Mazzucco, Mauro Sambi y Marina Santi. A Mauro, químico y poeta, le debo asimismo la inspiración para el último tramo, el de las conclusiones, y el haber hecho posible que conociera a Krüger. Cada uno de ellos me ha dado consejos muy útiles y ha corregido mis errores con generosidad y competencia.

En mi camino se unieron Lorenzo Mason, quien me contó la historia de la tarta, y Andrea De Magistris, a quien le debo el relato sobre el san Mateo de Caravaggio. A Gianni Giacomelli le agradezco las valiosas lecciones sobre el cansancio y la belleza de la reconstitución y la libertad. Una tarde hablando sobre pasiones y errores con Gigi Riva y Marino Sinibaldi me hicieron descubrir nuevas rutas. Una presencia constante, la de Lia Di Trapani, mi editora en Laterza, me ha seguido y animado desde el comienzo hasta el final del viaje, junto con todo el equipo de la editorial. Todos los errores que han podido quedar en el libro son responsabilidad exclusivamente mía.

La inspiración para este viaje y para otras aventuras de divulgación siempre ha nacido de la comunidad de la Universidad de Padua y de los laboratorios donde investigo, desde los que siempre tengo la oportunidad de aprender tantas cosas.

La energía y las ganas de mirar hacia adelante, incluso en los momentos más difíciles (y no solo del libro, sino también de la vida) me los dan mis amigos y las personas más cercanas. Amigos de toda la vida, como Alessandro y Michele, y amigos nuevos, como Giovanni y Pietro, me han dado la posibilidad de abrirme a muchísimos conocimientos nuevos. Entre ellos, los de Francesca, Lucia y Manfredi, con los cuales comprobaremos, sonriendo, «la regla del juego de petanca» (David Halliday *et. al.*, *Fondamenti di Fisica*, Ambrosiana, 2011). Y luego están Antonia, Caterina, Ilaria, Marta y Valentina, que me han recordado la diversidad tan hermosa que hay en cada uno de nosotros. Sin ningún orden en particular, me gustaría dar las gracias a mis amigos venecianos: Alessandra, Orietta, Gigi, Eduard, Alessandra B., Sandra, Adriano, Anna, Giovanni, Erika, Sira, Francesco, Silvia, Carla y otros que seguramente olvido (y a los que pido disculpas), y con los que recorrí con mucho gusto algunos tramos del camino.

Y por último, me gustaría dar las gracias (simplemente porque siempre han estado conmigo, aunque solo haya compartido partes del largo viaje que es vivir) a todos los que hasta ahora han sido mi familia, con un pensamiento especial hacia Carlo, quien tuvo que interrumpir el viaje; Annamaria, que, aunque está luchando, sonreirá cuando vea este libro, y a Silvia, por su apoyo.

A todos ellos, gracias. Sigamos adelante.

Bibliografía

LIBROS SOBRE ERRORES

Broad, William, Wade, Nicholas, *Betrayers of the Truth*, Touchstone Books, 1982.

Cervelli, Franco, Napolano, Vincenzo, *Balle di scienza. Storie di errori prima e dopo Galileo*, Felici, 2014.

Firestein, Stuart, *Failure: Why Science Is So Successful*, Oxford University Press, 2015.

Giorello, Giulio, Donghi, Pino, *Errore*, il Mulino, 2019.

Greco, Pietro, *Errore*, Doppiavoce, 2019.

Livio, Mario, *Cantonate. Perché la scienza vive di errori*, Rizzoli, 2014.

Perri, Luca, Tuono Pettinato, *Errori galattici. Errare è umano, perseverare è scientifico*, De Agostini, 2018.

Rodari, Gianni, *Il libro degli errori (El libro de los errores)*, Einaudi, 1964.

PRÓLOGO

Antiseri, Dario, *Scienza senza certezze*, en *Ithaca. Viaggio nella Scienza*, IX, 2017, http://ithaca.unisalento.it/nr-9_2017/articolo_IIp_04.pdf.

Enriques, Federigo, *Il significato della storia del pensiero scientifico* [1936], Barbieri, 2016.

Haushofer, Johannes, *CV of Failures*, https://haushofer.ne.su.se/Johannes_Haushofer_CV_of_Failures.pdf.

'Jaws,' a film phenomenon, almost failed to make it to the screen, en *The Washington Post*, 26.07.2023, https://www.washingtonpost.com/history/2023/07/26/jaws-movie-problems-shark-spielberg/.

Popper, Karl, *Conoscenza Oggettiva (Conocimiento objetivo)*, Armando, 2002.

Stefan, Melanie, *A CV of Failures*, en *Nature*, 468, 2010, https://www.nature.com/articles/nj7322-467a.

Sting, *Interview: Revolver (2000)*, 17.04.2000, https://www.sting.com/news/title/Interview:%20REVOLVER%20(2000).

Capítulo 1

Amaldi, Edoardo, *Da via Panisperna all'America. I fisici italiani e la seconda guerra mondiale*, editado por G. Battimelli y M. De Maria, Editori Riuniti, 1997.

Battimelli, Giovanni, *Le origini del laboratorio di fisica*, http://www.sisfa.org/wp-content/uploads/2013/04/xxBattimelli.pdf.

Capon Fermi, Laura, *Atomi in famiglia (Átomos en mi familia)*, Mondadori, 1954.

Fermi, Enrico, *Artificial Radioactivity Produced by Neutron Bombardment. Nobel Lecture*, 12.12.1938, https://www.nobelprize.org/prizes/ physics/1938/fermi/lecture/.

Pontecorvo, Bruno, *Enrico Fermi. Ricordi di allievi e amici*, Studio Tesi, 1993.

Segrè, Emilio, *Enrico Fermi, fisico. Una biografia scientifica*, Zanichelli, 1970.

Segrè, Gino, Hoerlin, Bettina, *Il Papa della fisica. Enrico Fermi e la nascita dell'era atomica*, Raffaello Cortina, 2017.

The Chemistry of Isaac Newton Project, https://webapp1.dlib.indiana.edu/newton/.

Capítulo 2

Bix, Herbert P., *Japan's Delayed Surrender: A Reinterpretation*, en *Diplomatic History*, 19, 2, 1995, pp. 197-225.

Coughlin, William Jeremiah, *The Great Mokusatsu Mistake*, en *Harper's Magazine*, marzo de 1953, pp. 31-40.

Ferri, Paolo, *Le sfide di Marte. Storie di esplorazione di un pianeta difficile*, Raffaello Cortina, 2023.

Galilei, Galileo, *Il Saggiatore (El ensayador)*, Feltrinelli, 2015.

Historique des montagnes russes, en *Coasters World*, 08.02.2017, https://coastersworld.fr/historique-des-montagnes-russes/.

Mokusatsu: One Word, Two Lessons, https://www.nsa.gov/portals/75/documents/news-features/declassified-documents/tech-journals/mokusatsu.pdf.

Schiaparelli, Giovanni Virginio, *La vita sul pianeta Marte,* en *Natura ed Arte,* IV, 11, 1895, https://archive.org/details/Marte1895/mode/2up?q=social.

Schiaparelli, Giovanni Virginio, *La vita sul pianeta Marte. Tre scritti di Schiaparelli su Marte e i "marziani",* editado por P. Tucci, A. Mandrino y A. Testa, Mimesis, 1998, http://www.brera.mi.astro.it/~mario.carpino/ materiale_PCTO/Schiaparelli_Marte.pdf.

CAPÍTULO 3

Agostino, Patricia V., Plano, Santiago A., Golombek, Diego A., *Sildenafil Accelerates Reentrainment of Circadian Rhythms After Advancing Light Schedules,* en *Proceedings of the National Academy of Sciences,* 104, 23, 2007, pp. 9834-9839.

Alpher, Ralph A., Herman, Robert, *Evolution of the Universe,* en *Nature,* 162, 1948.

Gamow, George, *The Evolution of the Universe,* en *Nature,* 162, 1948.

Kaku, Michio, *Echo of Genesis,* en *Wall Street Journal,* 4.10.2006, https://www.wsj.com/articles/SB115992729599382061.

Lemaître, Georges, *The Beginning of the World from the Point of View of Quantum Theory,* en *Nature,* 127, 1931.

Penzias, Arno, *The Origin of Elements. Nobel Lecture,* 08.12.1978, https://www.nobelprize.org/uploads/2018/06/penzias-lecture.pdf.

Signal, *Episode #12 - Before you pop that Tylenol, listen to this podcast,* entrevista a John LaMattina acerca del descubrimiento de la Viagra, https://soundcloud. com/stat-signal-podcast/signal-ep12-drugs-work-in-mysterious-ways.

Tamburello, Marcella, Villone, Giovanni, *Vincenzo Tiberio: la prima antibiotico-terapia sperimentale in vivo,* en *Medicina nei secoli arte e scienza,* 29/2, 2017, pp. 533-552.

Tiberio, Vincenzo, *Sugli estratti di alcune muffe,* en *Annali di Igiene Sperimentale,* vol. 5, Tipografia dell'Unione Cooperativa Editrice, 1895.

White, jr., Lynn, *Eilmer of Malmesbury, An Eleventh Century Aviator: A Case Study of Technological Innovation, Its Context and Tradition,* en *Technology and Culture,* 2, 2, 1961, pp. 97-111.

Wilson, Robert W., *The Cosmic Microwave Background Radiation. Nobel Lecture,* 08.12.1978, https://www.nobelprize.org/uploads/2018/06/wilson-lecture-1.pdf.

Zuppa Covelli, Anna, *L'igiene tra Storia e Mito: la figura e l'opera di Vincenzo Tiberio*, en *L'igiene moderna*, LXXXIX, 1, 1988, pp. 240-214.

CAPÍTULO 4

Ai Weiwei, *Dropping a Han Dynasty Urn (Tirando al suelo una urna de la dinastía Han)*, 1995, https://www.guggenheim-bilbao.eus/en/learn/schools/teachers-guides/ai-weiwei-dropping-han-dynasty-urn-1995.

Bottura, Massimo, *Vieni in Italia con me*, L'Ippocampo, 2014.

Fiege, Mark, *The Atomic Scientists, the Sense of Wonder, and the Bomb*, en *Environmental History*, 12, 3, 2007, pp. 578-613.

Hertz's useless discovery, https://spark.iop.org/hertzs-useless-discovery.

Kauffman, George B., Priebe, Paul M., *The Discovery of Saccharin: A Centennial Retrospect*, en *Ambix*, 25, 3, 1978, pp. 191-207, https://www.tandfonline.com/action/showCitFormats?doi=10.1179%2Famb.197 8 .25.3.191.

Lamont, Lansing, Day of Trinity, Scribner, 1965.

Rowett, Christine A., Smithsonian Revisits Remsen, Fahlberg Debate, in The Gazette. The Newspaper of the Johns Hopkins University, 22.08.1994, https://pages.jh.edu/gazette/1994/aug2294/remsen.html.

The Inventor of Saccharine, en Scientific American, 17 de julio de 1886, p. 36, https://books.google.it/books?id=f4I9AQAAIAAJ&pg=PA36&red ir_esc=y#v=onepage&q&f=false.

CAPÍTULO 5

Greco, Pietro, *Neutrini più veloci della luce per errore*, en *Scienzainrete*, 23.02.2012, https://www.scienzainrete.it/contenuto/articolo/neutrini-piu-veloci-della-luce-errore.

How the "Zeta Fiasco" Pulled Fusion Out of Secrecy, en *Iter*, 29.01.2018, https://www.iter.org/newsline/-/2905.

I neutrini dal Cern al Gran Sasso confermano il limite della velocità della luce, Istituto Nazionale di Fisica Nucleare, 08.06.2012, https://home.infn.it/it/comunicati-stampa/comunicati-stampa-2012/936-08-06-2012-i-neutrini-dal-cern-al-gran-sasso-confermano-il-limite-della-velocita-del la-luce.

Kennedy, John F., *Remarks at a Dinner Honoring Nobel Prize Winners of the Western Hemisphere*, 29.04.1962, https://www.presidency.ucsb.edu/documents/remarks-dinner-honoring-nobel-prize-winners-the-we stern-hemisphere.

Linus Pauling and the International Peace Movement, http://scarc.library. oregonstate.edu/coll/pauling/peace/index.html.

Martin, Piero, Viola, Alessandra, *L'era dell'atomo*, il Mulino, 2014.

McCracken, Garry, Stott, Peter, *Fusion: The Energy of the Universe*, Academic Press, 2012.

Pauling, Linus, *Modern Structural Chemistry. Nobel Lecture*, 11.12.1954, https://www.nobelprize.org/prizes/chemistry/1954/pauling/ lecture/.

Pease, Roland, *The story of 'Britain's Sputnik'*, BBC radio science unit, 15.01.2008, http://news.bbc.co.uk/2/hi/science/nature/7190813.stm.

Watson, James D., Crick, Francis H.C., *Molecular Structure of Nucleic Acids: A Structure for Deoxyribose Nucleic Acid*, en *Nature*, 171, 1953.

CAPÍTULO 6

Ackerman, Evan, *A Brief History of the Microwave Oven. Where the "Radar" in Raytheon's Radarange Came From*, en *IEEE Spectrum*, 30.09.2016, https:// spectrum.ieee.org/a-brief-history-of-the-microwave-oven.

Baroni, Piero, *La guerra del radar. Il suicidio dell'Italia 1935/1943*, Greco&Greco, 2007.

Céline, Louis-Ferdinand, *Il dottor Semmelweis*, Adelphi, 1975.

Galilei, Galileo, *Lettera a Benedetto Landucci in Firenze. Venezia, 29 agosto 1609*, https://www.illaboratoriodigalileogalilei.it/galileo/ iconografia/ico_ver/riv_lib/riv005_b.html.

Grant, Andrew, *The Scientific Exodus from Nazi Germany*, en *Physics Today*, 26.09.2018, https://pubs.aip.org/physicstoday/online/5299/The-scientific-exodus-from-Nazi-Germany.

Il radar italiano, https://www.marinai.it/comunica/radar.pdf.

Kadar, Nicholas, *Rediscovering Ignaz Philipp Semmelweis (1818-1865)*, en *American Journal of Obstetrics and Gynecology*, 220, 1, 2019, pp. 26-39.

Kandinsky, Wassily, *Complete Writings on Art (Mirada retrospectiva)*, editado por K.C. Lindsay e P. Vergo, G.K. Hall, 1982.

Loudon, Irvine, *Ignaz Phillip Semmelweis' studies of death in childbirth*, en *Journal of the Royal Society of Medicine*, 106, 11, 2013, pp. 461-463.

Semmelweis, Ignaz Philipp, *Die Aetiologie, der Begriff und die Prophylaxis des Kindbettfiebers*, Hartleben's Verlag, 1861, https://www.jameslindlibrary. org/semmelweis-i-1861/.

Tiberio, Paolo, *L'invenzione del radar: il contributo di Ugo Tiberio dal 1935 al 1943*, https://www.consiglio.regione.toscana.it/upload/COCCOINA/ documenti/PianetaGalileo/Atti2012/PGA12_28_tiberio.pdf.

Vasily Kandinsky Replaces the Object [1913], en *Lapham's Quarterly*, https://www.laphamsquarterly.org/arts-letters/vasily-kandinsky-replaces-object.

CAPÍTULO 7

Feynman, Richard, *La legge fisica*, Bollati Boringhieri, 1993.

Graney, Christopher M., *Anatomy of a Fall: Giovanni Battista Riccioli and the Story of g*, en *Physics Today*, 65, 9, 2012, pp. 36-40.

Graney, Christopher M., *Teaching Galileo? Get to Know Riccioli! What a Forgotten Italian Astronomer Can Teach Students About How Science Works*, https://arxiv.org/pdf/1107.3483.pdf.

Grant, Edward, *Planets, Stars, and Orbs: The Medieval Cosmos, 1200- 1687*, Cambridge University Press, 1996.

Poiani, Matteo, *Musica antica, nuove fondazioni: intervista doppia a Federico Maria Sardelli e Samuele Lastrucci*, en *Quinte Parallele*, 30.03.2023, https://www.quinteparallele.net/2023/03/musica-antica-nuove-fondazioni-intervista-doppia-a-f-m-sardelli-e-s-lastrucci/.

Una questione teologica: i "San Matteo e l'angelo" di Caravaggio, Università Vita-Salute San Raffaele, 17.02.2022, https://blog.unisr.it/questione-teologica-san-matteo-angelo-caravaggio.

EPÍLOGO

Krüger, Michael, *Spostare l'ora*, Mondadori, 2015.

van der Meer, Martijn, *The Manifesto for Trial and Error in Science*, Shells and Pebbles, 31.01.2020, https://www.shellsandpebbles. com/2020/01/31/the-manifesto-for-trial-and-error-in-science/.

Índice de autores